基于深度神经网络技术的高分遥感图像处理及应用

张　强　沈　娟　孔　鹏　尤亚楠　等著

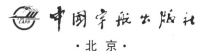

中国宇航出版社

·北京·

图书在版编目（ＣＩＰ）数据

基于深度神经网络技术的高分遥感图像处理及应用 / 张强等著. -- 北京：中国宇航出版社，2020.8

ISBN 978 - 7 - 5159 - 1802 - 0

Ⅰ.①基… Ⅱ.①张… Ⅲ.①遥感图像－图像处理－研究 Ⅳ.①TP751

中国版本图书馆 CIP 数据核字（2020）第 124406 号

责任编辑　张丹丹　　　　封面设计　宇星文化

出　版
发　行　**中国宇航出版社**

社　址　北京市阜成路 8 号　　　　邮　编　100830
　　　　（010）60286808　　　　　　（010）68768548
网　址　www.caphbook.com
经　销　新华书店
发行部　（010）60286888　　　　　（010）68371900
　　　　（010）60286887　　　　　（010）60286804（传真）
零售店　读者服务部
　　　　（010）68371105
承　印　天津画中画印刷有限公司
版　次　2020 年 8 月第 1 版　　　2020 年 8 月第 1 次印刷
规　格　880×1230　　　　　　　开　本　1/32
印　张　8　　　　　　　　　　　字　数　230 千字
书　号　ISBN 978 - 7 - 5159 - 1802 - 0
定　价　98.00 元

前　言

卫星遥感提供了一种从更高层面认识世界的手段，神经网络技术，特别是最近几年深度神经网络技术的发展则提供了一种更加便捷的信息提取手段。这两种技术手段的结合，创造出一种崭新的模式，将我们认识世界和改造世界的能力向高效化、智能化、自动化的方向推进了一大步。基于深度神经网络技术的高分遥感图像处理，使我们可以直面原本很棘手和繁重的分析工作，从大量纷乱复杂的高分遥感数据中快速理出头绪、找到答案。

本书尝试将遥感技术、神经网络技术和两者的交叉技术阐述清楚，帮助不同领域的读者了解两种技术如何进行结合。同时，也将我们运用基于深度神经网络的高分遥感图像处理技术所开展的一些工作和相关案例进行详细展示，使读者能够快速地了解这项新兴技术的特点和应用场景。

本书的编著由多名工作在一线的航天工作者完成，关晖做了全文审校和统稿，主要作者包括张强、沈娟、孔鹏、尤亚楠、徐浩。

在本书的出版过程中得到了中国航天科技集团有限公司相关领导的大力支持，在此表示衷心感谢。

由于作者水平有限，书中难免会有疏漏之处，请读者批评指正。

目　录

第1章　概　述

1.1　遥感的基本概念

　　遥感，即远距离感知，它指的是通过电磁波对目标区域进行非接触式的观测，并获取包含被观测物体的有效信息的过程。遥感有多种分类方式。根据遥感平台不同，可以将遥感方式分为机载（航空）遥感和星载（航天）遥感。根据传感器不同，可以将遥感方式大致分为光学遥感、微波遥感和激光遥感。事实上，利用各类传感器遥感技术可以调查物体的不同属性。本书主要涉及的是光学传感器所实现的遥感测量。光学遥感主要包含可见光、多光谱和高光谱等遥感方式。遥感测量的过程大致包含数据采集、数据处理、数据分析和数据应用等主要阶段，如图1-1所示。

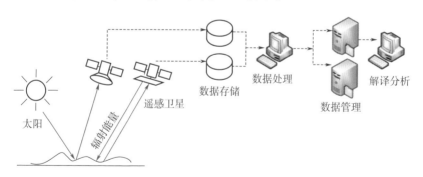

图1-1　遥感测量的过程

　　光学传感器是一种被动式的观测系统，它接收经过地物作用后的源自于太阳辐射的电磁能量，并以数字图像的形式加以展示。在数据处理阶段，需要对获取的数字图像进行融合、校正等处理。利用各种解译工具和方法，对遥感图像进行分析，可以得到遥感图像内含的更深层次的地物信息及变化规律。对于用户来说，经过准确解译的遥感图像能够提供重要的决策支撑。换句话说，解译后的遥感图像才具有更大的实用价值。

1.2　遥感的主要方式

可见光和微波都是电磁波的具体表现形式。这些电磁波（或称电磁能），其传播方式本质上是一致的。为了区分电磁波的不同波段，人为地将电磁波分为紫外线、可见光、红外线、微波等，如图 1-2 所示。事实上，相邻两个波段之间的界限并不明显。可见光是就人目视可见而言的，即波长范围在 0.4～0.7 μm 内的光谱。具体包括"蓝"色（0.4～0.5μm）、"绿"色（0.5～0.6 μm）和"红"色（0.6～0.7 μm）。

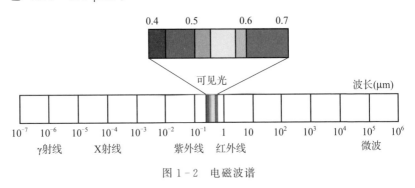

图 1-2　电磁波谱

微波通常指的是波长在 1 mm～1 m 之间的电磁波，对应的频率为 300 MHz～300 GHz。从波长的角度来划分，微波可以分为分米波、厘米波、毫米波、亚毫米波等。微波作为一种电磁波，以光速沿直线传播，当其作用于物体时，通常具有穿透、反射和吸收三种基本属性。合成孔径雷达（Synthetic Aperture Radar，SAR）就是一种使用微波进行对地探测的遥感系统。地面的金属类物质（如高楼大厦）会反射微波，因此在 SAR 图像中呈现"明亮"的样子。水会吸收微波的能量，在 SAR 图像中，江河湖海就显得较为"灰暗"。对于长波长（如 L 波段）的微波系统，它能够穿过茂密的树冠直达地表。

在遥感技术中，传感器通常工作在可见光、红外或微波的波段。在对地探测过程中，传感器主动或被动地获取地面物体辐射的电磁波能量。对于光学遥感系统来说，太阳是传感器接收到的地物能量的主要辐射源。当太阳照射地面时，地表物体向空间反射太阳能量，这些电磁波能量会被光学传感系统探测到。

某些遥感系统具备向外辐射能量的能力，如微波遥感系统，因此，这类遥感方式被称为主动式遥感。不同于被动式系统，微波遥感（例如合成孔径雷达），可以主动地"照射"地面目标，微波传感器可以接收到经过地面"调制"的回波信号。这种不依赖于自然能量的遥感方式，使得其具有全天时、全天候的对地探测能力，这是光学遥感所不具备的。

对于一些探测精度要求极高的应用，我们可以使用激光遥感。激光是"通过辐射受激发射的光放大"。激光遥感就是利用激光束对目标进行远距离探测。这种遥感方式的核心在于光源的产生和激光回波的探测，不同的激光波长所使用的探测器是不一样的。与传统的光学遥感方式相比，激光具有单色性、高亮度、定向性、大能量等优势。与微波雷达相比，激光雷达的角分辨率要高很多，因此可以提供非常高的测距精度，有时可达厘米级。

1.3　遥感的应用方向

遥感数据的应用价值取决于用户的使用情况，当用户了解遥感数据的获取过程时，才能更加科学地解译和使用遥感数据，真正实现对遥感图像的信息提取。

随着卫星遥感技术不断向民用和商用开放，进入遥感数据市场的遥感卫星越来越多、越来越先进，带动了卫星遥感数据的时间分辨率、空间分辨率和光谱分辨率的不断提升，数据成本也逐渐降低，具备了在更丰富的应用场景下使用的可行性。这就吸引了很多用户的目光，使越来越多的需求被发掘和激发出来，遥感数据的应用服务者正在和用户一道探索遥感数据的最佳应用模式。高分遥感数据可以应用的领域越来越多，发挥的作用越来越大。

在农林牧业领域，遥感数据的应用从过去的政府农业部门进行农产品估产和受灾状况分析，逐渐向产业应用转换。采用遥感农业受灾分析技术，高空间分辨率的高光谱和多光谱遥感数据能够满足小区域农田定损要求，在农业保险领域的遥感应用发展得如火如荼；遥感农产品估产技术则进入农产品期货领域，为期货交易商提供大范围、高准确率的交易指导数据；地球同步轨道红外遥感精度的提升也为大范围火情实时监测提供了有效手段，林场、电网等大型国企已经开始采购该技术服务。

在建筑与规划领域，高空间分辨率和高时间分辨率的多光谱遥感数据开始能够满足市、县级规划所需，实现细小地块的识别与划分；微波遥感数据的丰富则开始为大型工程的大范围地质稳定性分析提供长期数据支持，采用干涉 SAR 技术进行地质沉降分析能够达到媲美 GPS 沉降监测的水平。

在环境保护领域，高光谱数据的开放和丰富，逐渐为水质监测、大气监测提供天基遥感技术手段，市、县级环保部门已经开始注意到这种能够实现广域环境监测的新型技术，其可以作为地面点状高精度监测的有效补充。

高分辨率卫星遥感数据为更多、更复杂场景应用提供了数据基础，由此催生出的多源大数据量和复杂场景应用则不断在解译类别数量、解译精度、解译效率等方面，对新的遥感数据解译技术提出了更高的要求。神经网络遥感数据解译技术的发展，为很多应用场景提供了更好的解决方案。

随着遥感技术和创新应用的不断发展，更多的遥感数据用户深刻认识到了遥感技术的潜力和能力提升的方向。如今，遥感已经成为政府部门、学术科研和相关产业重点发展的一个技术手段，可为"政产学研用"等领域提供极具价值的数据支撑。

1.4　遥感图像解译及应用

遥感图像不同于普通的自然图像，对遥感图像的解译工作也有其独特之处。在分析遥感图像时，要求解译方法不仅发现物体的表象，还要挖掘特征的内在联系，建立物体的变化规律。虽然人工解译方式可以实现简单的解译任务，但是人工判读依赖于丰富的经验，且解译效率较低，非常不利于海量遥感图像的处理，更不适用于高时效性要求的监测任务，如灾害预警、突发事件应急、交通管理等。

遥感图像可以反映出地物的各种基本属性，如形状、大小、颜色、纹理、位置、范围等。形状通常反映了物体的基本形态，对于形状特征明显的目标，仅仅使用形状信息就能辨识出物体的类别，例如飞机、轮船、建筑物等。物体的大小与图像的分辨率密切相关，当遥感图像上物体的大小与真实尺度不匹配时，就不能轻易对这类物体进行判断。颜色信息是物体的最具直观性的属性，通过颜色信息可以判断遥感图像中的"绿"色植被和"蓝"色海洋。然而，对于一些色彩接近的物体，如草地和森林，只依赖颜色信息很难分辨物体的类别。事实上，纹理信息反映了物体颜色变化的频率，是物体各类基本属性的集中反映，利用纹理信息可以很容易地分辨出"光滑"的草地和"粗糙"的森林。物体的位置反映了它在图中的坐标，也对应着该物体的地理坐标，例如轮船通常只能出现在水域，那么在判读该类目标时，就要关注它可能存在的地理范围。除此之外，还有很多因素影响着遥感图像解译的结果，例如，遥感图像获取时的光照条件，图像中存在的阴影，云雾对地面的遮挡等。

需要指出的是，遥感图像解译是综合利用各类特征的过程，单纯依靠某个属性很难达到准确判读的目的。属性之间的内在联系是各类图像解译方法需要关注的方面。近年来，作为一种有效的自然图像处理方法，深度学习及深度神经网络能够实现对自然图像的分类、识别与分割。实现过程中依赖于图像的各层级语义信息，而不仅仅依靠物体的基本属性。事实上，获取物体的语义信息就是遥感图像解译的目的。将深度学习和遥感图像解译任务有机结合，通过有监督学习调整神经网络的权重参数，可以拟合出反映各类属性内在联系的非线性方程。深度学习方法为自动化、智能化解译提供了可行的技术路线，有利于遥感图像解译技术的进一步发展。

1.5　本书的组织结构

本书在第 2 章细致梳理了遥感系统的发展历程，从分辨率和载荷等角度，介绍了迄今为止世界上较为成功的遥感系统。在第 3 章阐述了神经网络技术的相关基础知识，为读者能够更好地理解基于深度卷积神经网络的遥感图像解译方法提供必要的知识储备。在第 4 章重点介绍了基于深度学习算法构建的高分辨率遥感图像处理系统的基本情况。根据遥感图像解译任务的不同，结合深度神经网络技术，分别阐述了地物分类（第 5 章）、变化检测（第 6 章）、目标识别（第 7 章）等应用方向。深度学习技术还处于蓬勃发展的阶段，基于深度神经网络的遥感图像解译方法还有待进一步的研究。因此，在第 8 章介绍了遥感应用面临的若干挑战，并在此基础上，探讨了深度神经网络在遥感图像解译领域的应用前景。

第2章 我国高分专项遥感卫星

中国高分辨率对地观测系统重大专项（简称高分专项）是中国《国家中长期科学和技术发展规划纲要（2006—2020年）》确定的16个重大科技专项之一。该专项将统筹建设基于卫星、平流层飞艇和飞机的高分辨率对地观测系统，完善地面资源，并和其他观测手段结合形成全天候、全天时、全球覆盖的对地观测能力。该系统由天基观测系统、临近空间观测系统、地面系统、应用系统等组成。

高分专项是一个非常庞大的遥感技术项目，包含多颗卫星和其他观测平台，分别编号为"高分某号"，已于2013年开始陆续研制发射新型卫星并投入使用，至2020年已经完成全系统的建设。高分系列卫星覆盖了从全色、多光谱到高光谱，从光学到雷达，从太阳同步轨道到地球同步轨道等多种类型，构成了一个具有高空间分辨率、高时间分辨率和高光谱分辨率能力的对地观测系统。

高分专项重点实施的内容和目标为：重点发展基于卫星、飞机和平流层飞艇的高分辨率先进观测系统；形成时空协调、全天候、全天时的对地观测系统；建立对地观测数据中心等地面支撑和运行系统，提高空间数据自给率，形成空间信息产业链。

2.1 光学高分遥感卫星

航天光学遥感是一种被动式的对地探测技术，它使用人造卫星、空间站或航天飞机等平台，搭载光学传感器以获取地面反射至空间的辐射能量，经过数据处理后可以获得地物的光谱信息，进而辅助遥感图像的判读工作。光学传感器是实现光学遥感的关键，它包括能够使用可见光、红外线等进行探测的空间相机、扫描仪或成像光谱仪。作为对地探测的重要方式之一，世界各国都在积极开展光学遥感系统的研制工作。

下面介绍高分系列高分辨率光学遥感卫星及其数据。

2.1.1 高分一号系列

高分一号系列卫星包括高分一号（GF-1）首发星及其 3 颗业务星高分一号 02、03、04 卫星（GF-1B、GF-1C、GF-1D）。高分一号卫星是我国高分辨率对地观测系统重大专项天基系统中的首发星，该卫星及其后续业务星由中国航天科技集团有限公司所属中国空间技术研究院航天东方红卫星公司抓总研制，主要用户为自然资源部、农业农村部和生态环境部。高分一号卫星于 2013 年 4 月 26 日由长征二号丁运载火箭在酒泉卫星发射中心成功发射入轨，如图 2-1 所示。2018 年 3 月 31 日，高分一号 02、03、04 卫星以"一箭三星"方式成功发射，构成了我国首个民用高分辨率光学业务星座。高分一号系列卫星可用于国土资源调查、监测、监管与应急等主体业务，还可服务于环保、农业、林业、海洋、测绘等行业。

图 2-1 高分一号发射升空

高分一号搭载了 2 台高分辨率（2 m 分辨率的全色和 8 m 分辨率的多光谱）相机和 4 台 16 m 分辨率的多光谱相机，具备高空间分辨率、高时间分辨率、多光谱与宽覆盖对地观测能力。卫星的设计寿命为 5～8 年，是我国首颗设计、考核寿命要求长于 5 年的低轨卫星。卫星采用太阳同步轨道，可实现每天 8 轨成像、侧摆 35° 成像，最长成像时间为 12 min，详细信息见表 2-1。此外，在国内民用小卫星中，高分一号首次具备中继测控能力，可实现境外时段的测控与管理。

表 2-1　高分一号有效载荷技术指标

	谱段号	谱段范围/μm	空间分辨率/m	幅宽/km	侧摆能力	重访时间/天
全色多光谱相机	1	0.45～0.90	2	60（2 台相机组合）	±35°	4
	2	0.45～0.52	8			
	3	0.52～0.59				
	4	0.63～0.69				
	5	0.77～0.89				
多光谱相机	6	0.45～0.52	16	800（4 台相机组合）		2
	7	0.52～0.59				
	8	0.63～0.69				
	9	0.77～0.89				

2013 年 6 月 6 日，中国国家航天局公布了高分一号卫星首批影像图，观测范围包括北京、上海、银川、大同四座城市。其中，大同市影像图（见图 2-2）为高分一号首次开机获取的成像结果。图 2-3 所示为 16 m 多光谱、8 m 多光谱、2 m 全色影像组图，体现了高分一号卫星多模式同时工作的能力。

2.1.2　高分二号

高分二号卫星（GF-2）是我国自主研制的首颗亚米级空间分辨率的民用光学遥感卫星，由中国空间技术研究院北京空间飞行器总体设计部抓总研制，搭载有两台高分辨率 1 m 全色、4 m 多光谱

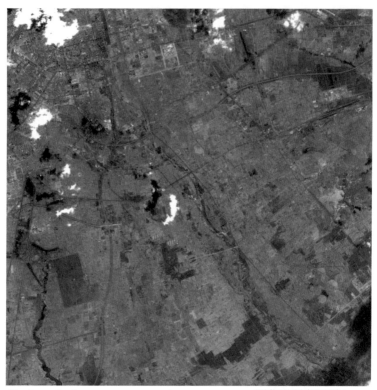

采集日期：2013年04月28日　　　　比例尺 1：47 200　　　国防科工局重大专项工程中心
空间分辨率：8 m　　　　　　　　　　　　　　　　　中国资源卫星应用中心 制作

图 2 - 2　高分一号获取的大同市影像图（ⒸＣ中国资源卫星应用中心）

相机，具有高分辨率、高定位精度和快速姿态机动等特点，有效地
提升了卫星综合观测效能，达到了国际先进水平。高分二号卫星
（见图 2 - 4）于 2014 年 8 月 19 日成功发射，8 月 21 日首次开机成像
并下传数据。这是我国目前分辨率最高的民用陆地观测卫星，星下
点空间分辨率可达 0.8 m，标志着我国遥感卫星进入了亚米级分辨
率的"高分时代"。高分二号卫星的主要用户为自然资源部、住房和
城乡建设部、交通运输部以及国家林业和草原局等部门，此外还将
为其他用户部门和有关区域提供示范应用服务。

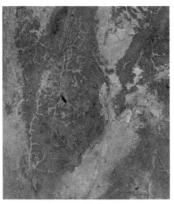

(a) 16 m多光谱

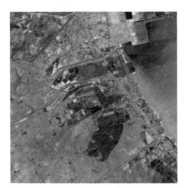

(b) 8 m多光谱

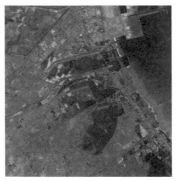

(c) 2 m全色

图 2-3　高分一号多光谱与全色产品（©中国资源卫星应用中心）

图 2 - 4　高分二号卫星

高分二号有效载荷技术指标见表 2 - 2。

表 2 - 2　高分二号有效载荷技术指标

载荷	谱段号	谱段范围/μm	空间分辨率/m	幅宽/km	侧摆能力	重访时间/天
全色 多光谱 相机	1	0.45~0.90	1	45 （2 台相机 组合）	±35°	5
	2	0.45~0.52	4			
	3	0.52~0.59				
	4	0.63~0.69				
	5	0.77~0.89				

围绕高分辨率、宽覆盖成像任务，高分二号在研制过程中突破了诸多关键技术，能够提供大范围、高质量的遥感数据。

（1）高分辨率、大幅宽成像技术

高分二号通过 2 台相机拼幅，有效扩大了视场，使星下点地面像元分辨率达到全色 0.81 m、多光谱 3.24 m，观测幅宽达到 45.3 km，在亚米级高分辨率卫星中幅宽达到世界最高水平。

（2）图像高定位精度设计

为满足用户定量化应用的要求，高分二号卫星采用了多项提高图像定位精度的措施，整星高精度时统方案将时间同步精度误差控

制在 50μs 以内,国产高精度星敏感器直接定姿和星敏感器+陀螺联
合定姿等多种高精度姿态测量方案,能精确获得卫星成像指向。此
外,多种措施确保轨道测量、姿态测量等多项与图像定位精度相关
的指标达到国际先进水平。

(3)图像高辐射质量设计

高分二号卫星采用多种手段提升图像辐射质量。针对相机光学
系统和成像电路优化设计调制传递函数 MTF,采用内遮光罩进一步
改进杂散光抑制,采用格雷码编码降低系统噪声,确保图像信号噪
声尽可能小。对高分二号卫星影像质量进行的评估显示,图像的灰
度分层值分布广、图像信息丰富、目视效果优异,成像质量达到国
际同类卫星先进水平。

(4)载荷多种灵活工作模式设计

为满足用户需求,高分二号卫星设计了多种工作模式,即成像
传输、成像记录和数据回放等模式。卫星工作在成像传输模式时,
相机成像且卫星可与地面数据接收站进行数据传输;在数传无法与
地面站进行数据传输时,可将成像的图像数据及辅助数据等实时记
录在星上存储设备中,即成像记录模式;数据回放模式可根据地面
站不同情况,采用单站接力传输、双站接力传输和移动站接收。因
此,多种灵活的工作模式提升了用户的卫星数据接收及处理效率,
进一步提高了卫星的使用效能。

2014 年 9 月 29 日中国国家国防科技工业局对外公布中国首批亚
米级高分辨率卫星影像图,该批图像纹理清晰、层次分明、信息丰
富,充分展示了高分二号卫星的成像质量。首批高分二号卫星影像
图综合考虑了地域分布、地物类型、目标关注度和高分二号卫星主
要用户部门测试与示范应用需求等因素,共发布 1 m 全色、4 m 多
光谱、1 m 全色与 4 m 多光谱融合 3 类 15 幅图,包括北京市区(见
图 2-5)、上海市区(见图 2-6)、克拉玛依市区(见图 2-7)等卫
星影像。

图 2 - 5   高分二号首批卫星影像（北京市区）

2.1.3   高分四号

高分四号卫星（GF - 4）为地球同步轨道 50 m 分辨率光学成像卫星，是高分专项工程首批启动立项的重要项目之一，是我国第一颗地球同步轨道遥感卫星，由中国空间技术研究院北京空间飞行器总体设计部抓总研制。高分四号卫星（见图 2 - 8）于 2015 年 12 月 29 日在西昌卫星发射中心成功发射，随即转入卫星工程在轨测试阶段，经过 4 次变轨，于 2016 年 1 月 4 日成功定点地球同步轨道，并

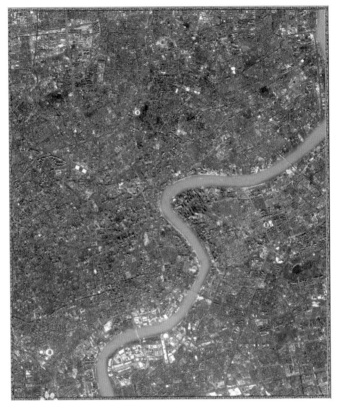

图 2-6　高分二号首批卫星影像（上海市区）

于当日首次开机成像并下传数据。

高分四号卫星搭载了 1 台可见光 50 m/中波红外 400 m 分辨率、大于 400 km 幅宽的凝视相机，采用面阵凝视方式成像，具备可见光、多光谱和红外成像能力，设计寿命 8 年，通过指向控制，实现对中国及周边地区的观测。截至 2017 年 1 月 31 日，高分四号卫星已获取并处理数据 8.3TB，覆盖面积 2620 万平方千米。其中，国内覆盖 851.5 万平方千米，国外覆盖 1 768.5 万平方千米。

高分四号卫星设计参数见表 2-3 和表 2-4。

图 2-7　高分二号首批卫星影像（克拉玛依市区）

图 2-8　高分四号卫星示意图

表 2 - 3　高分四号卫星轨道参数

参数	指标
轨道类型	地球同步轨道
轨道高度	36 000 km
定点位置	105.6°E

表 2 - 4　高分四号卫星有效载荷技术指标

	谱段号	谱段范围/μm	空间分辨率/m	幅宽/km	重访时间/s
可见光近红外 （VNIR）	1	0.45～0.90	50	400	20
	2	0.45～0.52			
	3	0.52～0.60			
	4	0.63～0.69			
	5	0.76～0.90			
中波红外 （MNIR）	6	3.5～4.1	400	400	20

　　高分四号卫星可为我国减灾、林业、地震、气象等应用提供快速、可靠、稳定的光学遥感数据，为灾害风险预警预报、林火灾害监测、地震构造信息提取、气象天气监测等业务补充了全新的技术手段，开辟了我国地球同步轨道高分辨率对地观测的新领域。同时，高分四号卫星在环保、海洋、农业、水利等行业以及区域应用方面，也具有巨大潜力和广阔空间。高分四号卫星的主要用户有民政部、国家林业和草原局、地震局、气象局等。

　　同时，高分四号卫星还可以对台风形成过程进行高频次连续监测，掌握台风形成原因并及时做出预测；或利用高分四号卫星的中波红外通道进行地壳温度的持续监控，针对地壳温度的变化做出及时的地震预警。此外，高分四号卫星在沙尘暴监测、雪灾预报、雾霾污染源查找等应用领域也都可以发挥重要作用。高分四号遥感图像样例如图 2 - 9 所示。

图 2 - 9　高分四号遥感图像样例（北京市，分辨率：50 m，传感器：PMS）

　　从高分四号卫星连续拍摄的森林大火影像中，获取火灾燃烧区域动态变化数据，掌握火灾走向，可为防火应急任务决策提供有力的支持。高分四号卫星拍摄的澳大利亚火灾图像如图 2 - 10 所示。

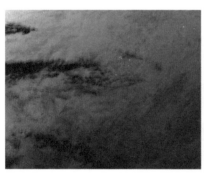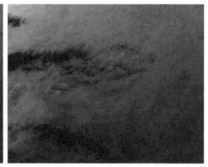

图 2 - 10　高分四号澳大利亚火灾图像
（传感器：中波红外 400 m，比例尺：1∶400 000）

2.1.4　高分五号

高分五号卫星（GF-5）（见图 2-11）是一颗由上海航天技术研究院抓总研制、隶属于生态环境部的遥感卫星，2018 年 5 月 9 日 2 时 28 分由长征四号丙运载火箭在太原卫星发射中心发射并进入太阳同步轨道。高分五号是中国第一颗高光谱综合观测卫星，也是高分计划中唯一的高光谱观测卫星，主要开展污染气体、温室气体、区域环境空气质量、水环境和生态环境监测，地质资源调查和气候变化研究等高光谱遥感监测和应用示范。

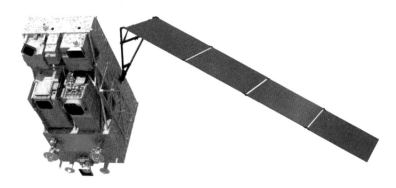

图 2-11　高分五号卫星

高分五号卫星的探测谱段涵盖了从紫外到长波红外的全部光学波段，具有高光谱、多光谱、多角度偏振、太阳掩星观测等多种探测手段，光谱分辨率最高可达 0.03 cm，探测工作模式多达 26 种，设计寿命长达 8 年。

高分五号一共有 6 个有效载荷，分别是可见短波红外高光谱相机、全谱段光谱成像仪、大气主要温室气体监测仪、大气环境红外甚高光谱分辨率探测仪、大气气溶胶多角度偏振探测仪和大气痕量气体差分吸收光谱仪。高分五号卫星有效载荷参数见表 2-5。

表 2 - 5　高分五号卫星有效载荷参数

有效载荷	参数类型	参数值
可见短波红外 高光谱相机	光谱范围	0.4～2.5 μm
	空间分辨率	30 m
	幅宽	60 km
	光谱分辨率	VNIR:5 nm,SWIR:10 nm
全谱段光谱成像仪	光谱范围	0.45～0.52 μm,0.52～0.60 μm 0.62～0.68 μm,0.76～0.86 μm 1.55～1.75 μm,2.08～2.35 μm 3.50～3.90 μm,4.85～5.05 μm 8.01～8.39 μm,8.42～8.83 μm 10.3～11.3 μm,11.4～12.5 μm
	空间分辨率	20 m(0.45～2.35 μm) 40 m(3.5～12.5 μm)
	幅宽	60 km
大气主要温室 气体监测仪	中心波长	0.765 μm,1.575 μm 1.65 μm,2.05 μm
	光谱范围	0.759～0.769 μm,1.568～1.583 μm 1.642～1.658 μm,2.043～2.058 μm
	光谱分辨率	0.6 cm 0.27 cm
大气环境红外甚高 光谱分辨率探测仪	光谱范围	750～4 100 cm(2.4～13.3 μm)
	光谱分辨率	0.03 cm
大气气溶胶多角度 偏振探测仪	波谱范围	433～453 nm,480～500 nm 555～575 nm,660～680 nm 758～768 nm,745～785 nm 845～885 nm,900～920 nm
	星下点空间分辨率	优于 3.5 km
大气痕量气体差分 吸收光谱仪	光谱范围	240～315 nm,311～403 nm 401～550 nm,545～710 nm
	光谱分辨率	0.3～0.5 nm
	空间分辨率	48 km(穿轨方向)×13 km(沿轨方向)

2.1.5　高分六号

高分六号卫星（GF-6）（见图2-12）是一颗低轨光学遥感卫星，也是我国首颗精准农业观测高分卫星，具有高分辨率、宽覆盖、高质量成像、高效能成像、国产化率高等特点，由中国空间技术研究院航天东方红卫星公司抓总研制。高分六号卫星于2018年6月2日12时13分在我国酒泉卫星发射中心成功发射，运载火箭为长征二号丁。中国遥感卫星地面站负责该卫星的数据接收任务。

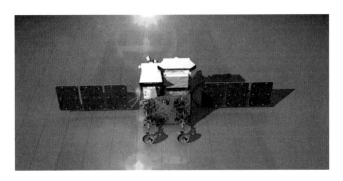

图2-12　高分六号卫星

高分六号的载荷性能与高分一号相似，配置2 m全色/8 m多光谱高分辨率相机（观测幅宽90 km）、16 m多光谱中分辨率宽幅相机（观测幅宽超800 km），设计寿命为8年。高分六号卫星的数据传输能力有了较大提升，一秒钟处理并传送的数据量是高分一号卫星的1.5倍。高分六号卫星也是中国在轨及在研的第三代数传系统中传输速率最高的卫星。高分六号卫星有效载荷参数见表2-6。

高分六号卫星实现了8谱段CMOS探测器的国产化研制，国内首次增加了能够有效反映作物特有光谱特性的"红边"波段，有效提升了植被、作物等的识别精度。其上装的多光谱宽幅相机和多光谱高分相机采用了基于离轴四反的自由曲面空间光学技术，突破了"单投影中心超大视场成像技术"，丰富了成像谱段，提升了大视场相机图像的精确度，确保了卫星遥感图像的高性能。采用星座设计，提升了图像存储容量、图像"录放比"、姿态机动能力等，解决了高时效成像、境外成像、多目标成像能力弱等难题，大大提升了卫星运行效能。其拍摄效果图如图 2-13、图 2-14 所示。

表 2-6 高分六号卫星有效载荷参数

	谱段号	谱段范围/μm	空间分辨率/m	幅宽/km	侧摆能力	重访时间/天
全色 多光谱 相机	1	0.45~0.90	2	90	±35°	4
	2	0.45~0.52	8			
	3	0.52~0.60				
	4	0.63~0.69				
	5	0.76~0.90				
多光谱 相机	6	0.45~0.52	16	800		2
	7	0.52~0.59				
	8	0.63~0.69				
	9	0.77~0.89				

图 2-13 高分六号卫星 16 m 多光谱中分辨率宽幅相机首轨数据

图 2-14　高分六号卫星 2 m 全色高分辨率相机首轨数据

2.2　微波高分遥感卫星

　　合成孔径雷达是一种主动式微波遥感技术，具备全天时、全天候高分辨率对地观测能力。雷达天线沿航迹运动，按照一定的重复频率对地辐射能量。这些连续的空间位置可以合成一个长天线，使得方位向的分辨率与距离无关。通过二维脉冲压缩技术，可以将时间上连续的回波信号处理成一幅数字图像。星载 SAR 系统具有高分辨率、宽覆盖的优势，是不可替代的对地观测方式，各类星载 SAR

系统的成功发射，有力地推动了 SAR 技术的发展和 SAR 图像的应用。

下面介绍高分专项中的高分辨率微波遥感卫星高分三号及其数据。

高分三号卫星（GF-3）（见图 2-15）是我国的首颗 C 波段 1 m 高分辨率 SAR 遥感卫星，由中国空间技术研究院北京空间飞行器总体设计部抓总研制，其发射时间是 2016 年 8 月 10 日 6 时 55 分。高分三号卫星可用于多个领域：1）监视我国 300 万平方千米的广阔海域，快速响应海上侵权突发事件，综合管理海洋，维护我国海洋权益，还可以完成全球的海洋和海况的灾难预报任务；2）监视全国 960 万平方千米的陆地，为各种灾害的预警以及灾害后的救灾及重建工作提供有效的数据支撑；3）为水利、气象、农业、国土、测绘等部门提供监测服务，提高行业应用能力。

图 2-15　高分三号卫星

高分三号卫星各项参数及指标见表 2 - 7。

表 2 - 7　高分三号卫星参数及指标

参数	指标
轨道高度	755 km
轨道类型	太阳同步回归晨昏轨道
波段	C 波段
天线类型	波导缝隙相控阵
平面定位精度	无控优于 230 m(入射角 20°～50°,3σ)
常规入射角	20°～50°
扩展入射角	10°～60°

　　高分三号的观测模式共计 12 种，可实现对陆地及海洋的探测。每种观测模式对应特定的观测任务，因此，高分三号卫星是一颗具备多任务能力的合成孔径雷达卫星。其观测模式具体如图 2 - 16 所示。各种模式的分辨率、幅宽以及极化方式等相关参数见表 2 - 8。

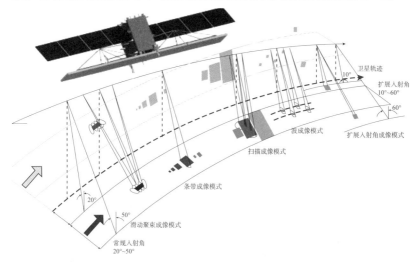

图 2 - 16　高分三号成像模式示意图

表 2 - 8 高分三号成像模式及其指标

成像模式名称		分辨率/m	幅宽/km	极化方式
滑动聚束成像模式(SL)		1	10	单极化
条带成像模式	超精细条带(UFS)	3	30	单极化
	精细条带 1(FSI)	5	50	双极化
	精细条带 2(FSII)	10	100	双极化
	标准条带(SS)	25	130	双极化
	全极化条带 1(QPSI)	8	30	全极化
	全极化条带 2(QPSII)	25	40	全极化
扫描成像模式	窄幅扫描(NSC)	50	300	双极化
	宽幅扫描(WSC)	100	500	双极化
	全球观测成像模式(GLO)	500	650	双极化
扩展入射角模式	高入射角	25	80	双极化
	低入射角	25	130	双极化
波成像模式(WAV)		10	5	全极化

作为一颗全新的微波合成孔径雷达卫星,高分三号具有五大特点:

(1) 新体制、定量化

采用了全新的体制设计卫星,使卫星收集尽可能多的信息,其分辨率可以达到 1 m,是世界上分辨率最高的 C 波段、多极化卫星。同时卫星获取的微波图像性能高。

(2) 多模式、多功能

高分三号有 12 种工作模式,是现有的工作模式最多的合成孔径雷达卫星。高分三号功能非常多:可以观测陆地、海洋、极地冰川等;空间分辨率为 1~500 m,幅宽为 10~650 km,可以实现对目标的普查和精细化详查。图 2 - 17、图 2 - 18 分别为高分三号卫星获取的喀什影像(分辨率 25 m)和厦门影像(分辨率 1 m)。

(3) 功率大、能力强

高分三号卫星的功率达万瓦级,可以获取高性能的微波图像。

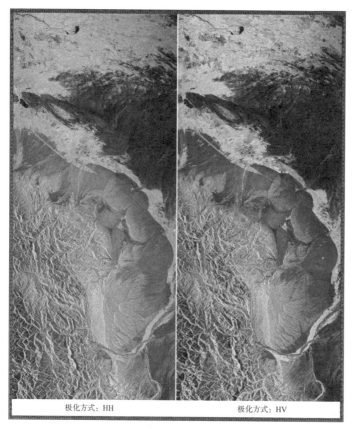

极化方式：HH　　　　　　　　　极化方式：HV

图 2 - 17　高分三号影像（喀什地区）

同时高分三号卫星是我国首颗连续成像时间达到近小时量级的合成孔径雷达卫星，极大地提高了卫星获取数据的能力。

（4）大尺度、高精度

高分三号卫星是我国第一颗在低地球轨道上的大尺度、大翼展卫星。

（5）高可靠、长寿命

高分三号卫星是我国第一颗在低地球轨道上寿命长达 8 年的卫星。

图 2 - 18　高分三号影像（厦门）

2.3　高分遥感卫星数据格式

　　我国高分系列遥感卫星数据产品处理机构为中国资源卫星应用中心，可以提供高分系列遥感卫星各级标准化数据产品。表 2 - 9 所列为高分系列遥感卫星文件名称格式含义。表 2 - 10 列出了高分系列遥感卫星 1A 级数据产品数据格式。

表 2 - 9　高分系列遥感卫星文件名称格式含义

文件名称格式	GFN_XXXX_LON_LAT_YYYYMMDD_L1ASSSSSSSSSS - DDDD
GFN	高分 N 号卫星
XXXX	传感器代号(产品类型代号)
LON_LAT	LON:经度;LAT:纬度
YYYYMMDD	成像时间
L1ASSSSSSSSSS	L1A 级数据的产品序列号
DDDD	数据类型:MSS 全色数据;PAN 多光谱数据

注:GFN_XXXX_LON_LAT_YYYYMMDD_L1ASSSSSSSSSS - DDDD 可称为产品基础名。

表 2 - 10　高分系列遥感卫星数据格式

文件类型	格式说明
产品基础名_thumb.jpg	拇指图
产品基础名.jpg	浏览图
产品基础名.rpb	用于几何校正的 RPC 模型文件
产品基础名.tiff	影像数据
产品基础名.xml	辅助文件(包含产品号、姿态参数等信息)

第3章 神经网络技术

3.1 神经网络技术发展综述

3.1.1 神经网络概述

神经网络是一种用来模仿动物神经网络行为特征而构建的、可以进行分布式并行信息处理的算法数学模型。它会根据问题的复杂程度调整内部大量节点间的连接方式及权重，从而达到拟合最优解的目的。可以说，人工神经网络是由生物神经系统的建模引发的技术领域。在生物神经系统中，大脑的基本计算单位是神经元，它们之间由突触连接。每个神经元都从树突上获得输入信号，然后沿着唯一的轴突产生输出信号。轴突在末端会逐渐分枝，通过突触和其他神经元的树突相连。如图 3-1 所示，可以将生物神经元抽象成一个数学模型。沿着轴突传播的信号将基于突触的突触强度与其他神经元的树突进行乘法交互。突触的强度是可学习的，且可以控制一个神经元对另一个神经元的影响程度。

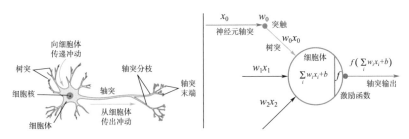

图 3-1 生物神经元与数学模型

20 世纪 80 年代以来，人工神经网络（Artificial Neural Network,

ANN) 逐渐成为人工智能领域的研究热点。它从信息处理角度对人脑神经元网络进行抽象，建立某种简单模型，按不同的连接方式组成不同的网络。在工程与学术界常简称为神经网络或类神经网络。神经网络是一种运算模型，由大量的节点（或称神经元）之间相互连接构成。每个节点代表一种特定的输出函数，称为激励函数（activation function）。每两个节点间的连接都代表一个对于通过该连接信号的加权值，称之为权重，这相当于人工神经网络的记忆。网络的输出则依网络的连接方式、权重值和激励函数的不同而不同。而网络自身通常都是对自然界某种算法或者函数的逼近，也可能是对一种逻辑策略的表达。

近十年来，人工神经网络的研究工作不断深入，已经取得了很大的进展，其在模式识别、智能机器人、自动控制、预测估计、生物、医学、经济等领域已成功地解决了许多现代计算机难以解决的实际问题，表现出了良好的智能特性。

人工神经网络是由大量的人工神经元组成的，是一种针对非线性问题的数学建模工具。典型的神经网络包括三个组成部分：

（1）网络结构

网络结构规定了网络中的变量和它们的拓扑关系。神经网络中的变量指的是神经元之间连接的权重和神经元的激励值。

（2）激励函数

激励函数用于神经网络的层与层之间，为神经元提供了规模化的非线性化能力。经过非线性的激励函数作用后，神经网络将具有更强的表征复杂问题的能力。

（3）学习规则

学习规则是指神经网络中神经元之间的权重的修正方式。一般情况下，学习规则受神经元的激励值制约。

3.1.2 神经网络发展历程

从人工神经网络概念的提出，经过感知器、多层感知机、卷积神经网络的发展过程，神经网络已经从原始概念、基本方法、网络雏形，逐步发展到解决图像处理任务中的实际问题，并且开始步入超越人类水平的阶段。

（1）人工神经网络的兴起

1943 年，文献"A Logical Calculus of Ideas Immanent in Nervous Activity"指出：脑细胞的活动类似于开关闭合的过程，这些细胞可以按某种方式进行组合，进行若干逻辑运算。因此，研究人员用电路的方式模拟了一个简易的神经网络模型。虽然脑细胞的活动规律并不是如此简单，但该研究成果是人工神经网络研究的初次尝试，对这一研究领域的发展产生了巨大的影响。

（2）感知器模型

1957 年，感知器的概念开始逐渐形成。感知器作为一种多层的神经网络，被认为是最早的神经网络模型。研究人员尝试将感知器应用于某些工程实践当中，并在文字识别、语音信号处理及识别等方面取得了一定的成果。然而，由于感知器难以解决简单的"异或"问题，使得人工神经网络的研究陷入了停滞状态。

（3）Hopfield 网络模型

1984 年，Hopfield 网络模型被提出，它可以有效地求解 TCP 问题最优解的近似解。随后，通过引入随机因素，在 Hopfield 网络的基础上提出了 Bolziman 机。1986 年，研究人员提出了一种适用于多层网络的学习方法——反向传播（Back Propagation，BP）算法，该算法在深度学习阶段体现出了巨大的作用。在一系列具有实用价值的网络结构和学习算法的驱使下，人工神经网络的研究迎来了新一轮的热潮。

（4）深度学习

2006 年，Geoffrey Hinton 和他的学生在《科学》上发表了针对深度神经网络优化训练的文章，该文章提出了深层网络训练中梯度消失问题的解决方案：无监督预训练对权值进行初始化＋有监督训练微调。从此开启了深度学习在学术界和工业界的浪潮。

2011 年，ReLU 激活函数被提出，该激活函数能够有效地抑制梯度消失问题。随后，微软首次将深度学习应用在语音识别上并取得了重大突破。微软研究院和谷歌（Google）的语音识别研究人员先后采用 DNN 技术使语音识别错误率降低 20％～30％，是语音识别领域十多年来最大的突破性进展。2012 年，DNN 技术在图像识别领域取得了惊人的效果，在 ImageNet 评测上将错误率从 26％降低到 15％。在这一年，DNN 还被应用于制药公司的药物效果的预测问题，并获得世界最好成绩。

2012 年，Hinton 课题组为了证明深度学习的潜力，首次参加 ImageNet 图像识别比赛，凭借构建的卷积神经网络（CNN）AlexNet 获得冠军，其性能遥遥领先第二名的支持向量机（SVM）方法。也正是由于该比赛，CNN 吸引到了众多研究者的注意。

2016 年 3 月，由 Google 旗下 DeepMind 公司开发的 AlphaGo（基于深度学习）与围棋世界冠军、职业九段棋手李世石进行围棋人机大战，以 4∶1 的总比分获胜；该程序在中国棋类网站上以 Master 为注册账号，2016 年年末到 2017 年年初，与中、日、韩数十位围棋高手进行快棋对决，连续 60 局无一败绩；2017 年 5 月，在中国乌镇围棋峰会上，Master 与排名世界第一的围棋世界冠军柯洁对战，以 3∶0 的总比分获胜。围棋界公认 AlphaGo 的棋力已经超过人类职业围棋顶尖水平。至此，神经网络和深度学习的研究达到了前所未有的高度。

3.1.3　深度学习

人工智能（Artificial Intelligence，AI）是计算机科学的一个分支，它企图生产出一种新的能以与人类智能相似的方式做出反应的智能机器。机器学习（machine learning）是一种让计算机自主学习，实现预测功能的技术，它起源于人工智能知识库，经历了由逻辑回归向表示学习（representation learning），再到深度学习的进化过程。深度学习（deep learning）是一种对数据进行表征学习的方法，它可以用非监督式或半监督式的特征学习和分层特征提取高效算法来替代手工获取特征，图 3 - 2 所示为机器学习的进化过程。

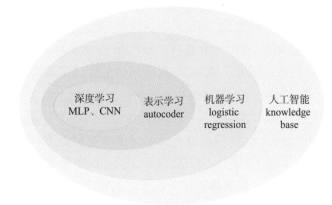

图 3 - 2　机器学习的进化过程

深度学习可以在多隐层神经网络上解决图像、文本等各种复杂特征表示问题，其核心是特征学习，旨在通过分层网络获取分层次的特征信息，从而解决以往需要人工设计特征的难题。这种多隐层神经网络通常被称为深度神经网络，主要包括：

（1）卷积神经网络

卷积神经网络（Convolutional Neural Network，CNN）是一种前馈神经网络，它的神经元可以响应在覆盖范围内的部分感受单元，对于大尺度图像处理具有明显优势。CNN 包括数据输入层（input layer）、卷积层（convolutional layer）、池化层（pooling layer）、激活层（activation layer）和全连接层（fully connected layer）等网络单元。其中，数据输入层主要是对原始图像数据进行去均值、归一化和 PCA/白化等预处理。卷积层由若干卷积核组成，在网络训练过程中，每个卷积核的参数都通过反向传播算法优化得到。卷积运算的目的是提取输入图像的不同特征，并以特征矩阵的形式存在于网络中。池化层能够不断地压缩特征矩阵的空间尺度，因此网络参数的数量和计算量也会随之下降，这在一定程度上限制了计算的复杂度。事实上，CNN 的卷积层之间都会周期性地插入池化层。利用激活函数产生非线性的因素，CNN 可以更好地模拟非线性问题，ReLU（Rectified Linear Units）是常用的激活函数之一。全连接层中的每个神经元都会与其前一层的所有神经元连接，全连接层会整合卷积层或池化层中具有类别区分性的局部信息。

（2）循环神经网络

循环神经网络（Recurrent Neural Network，RNN）结合不同的长短期记忆（Long Short‑Term Memory，LSTM），可以解决时序分析问题。与前馈神经网络接收的特定结构的输入不同，RNN 将瞬时状态在自身网络中循环传递，因此可以接收更广泛的时间序列结构的输入。手写体识别是最早成功利用 RNN 的应用方向。RNN 是一类以序列数据为输入，在序列的演进方向进行递归且所有节点（循环单元）按链式连接的递归神经网络。

对循环神经网络的研究始于 20 世纪 80—90 年代，其在 21 世纪初发展为深度学习算法之一，其中双向循环神经网络（Bidirectional RNN，Bi‑RNN）和长短期记忆网络是常见的循环神经网络。

循环神经网络具有记忆性、参数共享并且图灵完备，因此在对序列的非线性特征进行学习时具有一定优势。循环神经网络在自然语言处理（Natural Language Processing，NLP），如语音识别、语言建模、机器翻译等领域有应用，也被用于各类时间序列预报。引入了卷积神经网络（Convoutional Neural Network，CNN）构筑的循环神经网络可以处理包含序列输入的计算机视觉问题。

（3）贝叶斯网络

贝叶斯网络（Bayesian Network）又称置信网络（Belief Network），它包括有向无环图（Directed Acyclic Graph，DAG）和条件概率表集合。DAG 中每一个节点表示一个随机变量，有向边表示随机变量间的条件依赖；条件概率表中的每一个元素对应 DAG 中唯一的节点。贝叶斯网络模拟人的认知思维推理模式，用一组条件概率函数以及有向无环图对不确定性的因果推理关系建模，它的应用范围非常广，在医疗诊断、信息检索、电子技术与工业工程等诸多方面发挥了重要作用。

贝叶斯网络是贝叶斯方法的扩展，是目前不确定知识表达和推理领域最有效的理论模型之一。1988 年由 Pearl 提出，近几年已经成为研究的热点。贝叶斯网络由代表变量节点及连接这些节点的有向边构成。节点代表随机变量，节点间的有向边代表节点间的互相关系（由父节点指向其子节点），用条件概率表达关系强度，没有父节点的用先验概率进行信息表达。节点变量可以是任何问题的抽象，如测试值、观测现象、意见征询等。其适用于表达和分析不确定性和概率性的事件，应用于有条件地依赖多种控制因素的决策，可以从不完全、不精确或不确定的知识或信息中做出推理。

（4）深度置信网络

深度置信网络（Deep Belief Networks，DBN）本质上是一种具有生成能力的图形表示网络，它是概率统计学、机器学习和神经网络的融合。DBN 由多个带有数值的层组成，其中层与层之间存在固定联系，而数值之间则无任何关系。深层置信网络可以实现分类任务。

近些年来，深度学习技术在语音信号处理、图像处理、模式识别等领域得到了广泛应用，其研究价值与应用价值得到了学术界与工业界的充分肯定，国内外众多科研机构和院校纷纷投身到深度学习的研究热潮中。目前，已经有若干成熟的深度学习框架，其中应用最广的包括 TensorFlow、Caffe、Theano、Torch 等。

①TensorFlow

TensorFlow 是 Google 基于 DistBelief 研发的第二代人工智能学习系统。其中，Tensor（张量）代表多维数组，Flow（流）代表基于数据流图的计算。TensorFlow 实现了将多维数组从流图的一端流动到另一端的计算过程。该深度学习框架可被用于以图像分类为代表的各种深度学习应用领域，它可以在一部智能手机、一个图形工作站、数千台服务器构成的数据中心的各种计算平台上运行。

　　谷歌大脑自 2011 年成立起，开展了面向科学研究和谷歌产品开发的大规模深度学习应用研究，其早期工作即是 TensorFlow 的前身 DistBelief。DistBelief 的功能是构建各尺度下的神经网络分布式学习和交互系统，又被称为"第一代机器学习系统"。DistBelief 在谷歌和 Alphabet 旗下其他公司的产品开发中被改进和广泛使用。2015 年 11 月，在 DistBelief 的基础上，谷歌大脑完成了对"第二代机器学习系统" TensorFlow 的开发并对代码开源。相比于前作，TensorFlow 在性能上有显著改进，构架灵活性和可移植性得到增强。此后 TensorFlow 快速发展，截至稳定 API 版本 1.12，已拥有包含各类开发和研究项目的完整生态系统。在 2018 年 4 月举行的 TensorFlow 开发者峰会中，有 21 个 TensorFlow 有关主题得到展示。

　　TensorFlow 支持多种客户端语言下的安装和运行。目前，绑定完成并支持版本兼容运行的语言为 C 和 Python，其他（试验性）绑定完成的语言为 JavaScript、C＋＋、Java、Go 和 Swift，依然处于开发阶段的包括 C♯、Haskell、Julia、Ruby、Rust 和 Scala。

　　②Caffe

　　Caffe 的全称是 Convolutional Architecture for Fast Feature Embedding，它是一个快速、模块化的深度学习框架。贾扬清在加州大学伯克利分校读博士期间创建了该项目，并由 Berkeley AI Research（BAIR）和社区贡献者持续开发。该深度学习框架大大地降低了深度学习的入门门槛。研究人员不需要从零开始去搭建网络、配置算法、编写 IO 函数，只需利用 Caffe 中提供的模块就能够快捷地完成网络的构造。Caffe 支持 Python 和 MATLAB 接口，研究人员可以直接使用 Python 或 MATLAB 语言实现深度学习方法。

　　Caffe 项目托管于 GitHub，拥有众多贡献者。Caffe 应用于学术研究项目、初创原型甚至视觉、语音和多媒体领域。雅虎还将 Caffe 与 Apache Spark 集成在一起，创建了一个分布式深度学习框架

CaffeOnSpark。2017 年 4 月，Facebook 发布 Caffe2，加入了递归神经网络等新功能。2018 年 3 月底，Caffe2 并入 PyTorch。

Caffe 中的数据结构是以 Blobs - layers - Net 形式存在的。其中，Blob 通过 4 维向量形式（num，channel，height，width）存储网络中的所有权重激活值以及正向反向的数据。作为 Caffe 的标准数据格式，Blob 提供了统一内存接口。Layer 表示的是神经网络中的具体层，如卷积层等，是 Caffe 模型的本质内容和执行计算的基本单元。layer 层接收底层输入的 Blob，向高层输出 Blob。在每层会实现前向传播，后向传播。Net 是由多个层连接在一起，组成的有向无环图。

③Theano

2008 年，Theano 诞生于蒙特利尔理工学院，派生出了大量的深度学习 Python 软件包，最著名的是 Blocks 和 Keras。Theano 的核心是一个数学表达式的编译器，它可以高效地处理用户定义、优化以及计算有关多维数组的数学表达式。Theano 是为深度学习中要处理的大型神经网络算法所需的计算而专门设计的，被认为是深度学习研究和开发的行业标准。

④Torch

Torch 是一个拥有大量机器学习算法支持的科学计算框架，早在 2002 年就发布了初版，但是真正起势得益于 Facebook 开源了大量基于 Torch 的深度学习模块和扩展。Torch 其中定义了用于多维张量的数据结构和数学运算，还提供了许多用于访问文件，序列化任意类型的对象等的实用软件。

3.2　卷积神经网络的基本概念

卷积神经网络是一类包含卷积计算且具有深度结构的前馈神经网络（Feedforward Neural Network），是深度学习的代表算法之一。卷积神经网络具有表征学习能力，能够按其阶层结构对输入信息进行平移不变分类,因此又被称为"平移不变人工神经网络"(Shift - Invariant Artificial Neural Networks,SIANN)。

对卷积神经网络的研究始于 20 世纪 80—90 年代,时间延迟网络和 LeNet - 5 是最早出现的卷积神经网络;进入 21 世纪后,随着深度学习理论的提出和数值计算设备的改进,卷积神经网络得到了快速发展,并被应用于计算机视觉、自然语言处理等领域。

卷积神经网络仿造生物的视知觉机制构建,可以进行监督学习和非监督学习,其隐含层内的卷积核参数共享和层间连接的稀疏性使得卷积神经网络能够以较小的计算量对格点化特征,如图像像素进行学习,有稳定的效果且对数据没有额外的特征工程要求。

3.2.1　卷积神经网络的构成

深度神经网络是由多层单层次的非线性网络级联而成的,一般的单层次网络按照其编码解码的能力,分为三类:只包含编码器的网络、只包含解码器的网络、同时包含编解码器的网络。由此,根据网络所包含编解码器的种类不同,深度神经网络又可分为三大类:只包含编码器——前馈深度网络(Feed - Forward Deep Networks,FFDN)、只包含解码器——反馈深度网络(Feed - Back Deep Networks,FBDN)、同时包含解码器和编码器——双向深度网络(Bi - Directional Deep Networks,BDDN)。卷积神经网络是由只包含编码器的单层卷积神经网络所构成的。

如图 3 - 3 所示,卷积神经网络对于输入的处理分为三个阶段:卷积、非线性变换(或称激活)和下采样(或称池化)。每层卷积神经网络的输入和输出为一组向量构成的特征图(feature map),事实上,第一层的输入可以看作一个具有高稀疏度的高维特征图。例如,输入部分是一幅 RGB 图像,每个特征图对应的则是一个包含输入图像各颜色通道的二维数组。对输入图像中的所有位置进行特定加权求和后,卷积处理得到了包含输入图像指定特征的特征图。

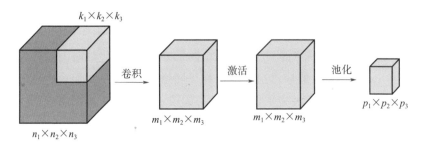

图 3-3 卷积神经网络的结构示意图

3.2.2 卷积核的计算方式

在卷积神经网络中,特征提取机制主要是依靠卷积核实现的,卷积核的计算方式可定义为

$$a_{i,j} = f\left(\sum_m \sum_n w_{m,n} x_{i+m,j+n} + w_b\right) \tag{3-1}$$

式中 (i, j)——当前层输入的特征图中的某个采样点;

$w_{m,n}$——卷积核中的权值系数;

w_b——偏置系数;

$f(\cdot)$——激活函数。

图 3-4(a)展示了一张单通道图像经过卷积核采样并得到特征图的过程。在这个过程中,卷积核每次在图像上移动的距离称为步长(stride),示例中所采用的步长为 1,因而最终得到 3×3 的特征图。stride=2 时的卷积实现过程如图 3-4(b)所示。可以推断,卷积核越大、步长越长,最终得到的特征图就越小。此外,定义不同的卷积核实现方式,能够提取到不同尺度的特征。

3.2.3 非线性变换

卷积神经网络中的非线性变换指的是非线性映射函数,也可称为激活函数。在非线性变换阶段,卷积神经网络对卷积核提取的特征行非线性映射。卷积神经网络中常用的非线性映射函数有 Sigmoid、Tanh 等饱和非线性函数。近几年,随着卷积神经网络技

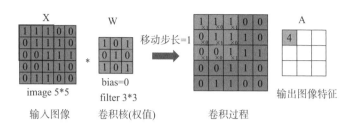

(a)步长(stride)为1

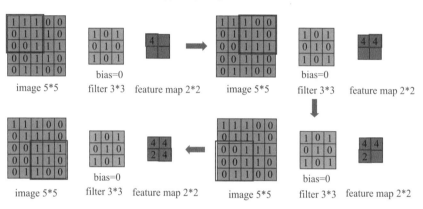

(b)步长(stride)为2

图 3 - 4　卷积核运算的示意图

术的不断提升，目前卷积神经网络中多采用不饱和非线性函数，如 ReLU。与传统的饱和非线性函数相比，ReLU 具有更快的收敛速度，这对神经网络训练效率的提升是十分积极的。常用的激活函数如下所示：

（1）Sigmoid

$$f(x) = \frac{1}{1 + e^{-x}} \qquad (3-2)$$

（2）Tanh

$$f(x) = \frac{e^x - e^{-x}}{e^x + e^{-x}} \qquad (3-3)$$

（3）ReLU

$$f(x) = \max(0, x) \qquad (3-4)$$

由 Sigmoid 函数的表达式可知，它会将输入信号 x 映射到 [0, 1] 之间。由于在 Sigmoid 的饱和区，函数的梯度接近于 0，因此反向传播中计算的梯度也会接近于 0，这就导致在参数更新过程中，传递到前几层的梯度值几乎为 0。当网络参数基于该梯度值进行更新时，就会出现参数几乎不变的情况，这会大大降低深度神经网络的训练速度。由 Tanh 激活函数的表达式可知，它可将神经元的输出信号映射到 [−1, 1] 范围内。由于 Tanh 函数是奇函数，输入 x 的分布又关于 0 对称，所以 Tanh 的输出均值也为 0。在实际应用中，Tanh 函数的效果比 Sigmoid 函数略好，但也存在和 Sigmoid 相同的网络参数几乎不变的问题，这同样会导致训练效率低下。然而，对于 ReLU 函数，由其表达式可知，在 x 趋近于 0 时，函数的梯度恒等于 1，因此在反向传播过程中，前几层网络的参数也能得到快速更新，这相当于缓解了上述两个非线性函数存在的问题。另外，Sigmoid 函数和 Tanh 函数运算复杂度较大，包括指数运算和除法运算，而 ReLU 函数则是通过非常简单的分段和取最值来对输入进行非线性变换的。与 Sigmoid 函数和 Tanh 函数相比，ReLU 函数能明显加快卷积神经网络的收敛速度。

3.2.4　池化过程

在通过卷积和非线性变换获得特征图之后，接着可以利用这些特征实现分类任务。如果不考虑计算的复杂度，可以将特征图向量化后输入到一个分类器，如 Softmax 分类器，但这样会导致计算量非常大。例如，对于一个 128×128 像素的图像，假设已经通过 5×5 的卷积核提取特征，每一个卷积操作都会得到一个维度为 $(128-5+1) \times (128-5+1) = 15\ 376$ 的特征向量，假设使用 100 个卷积核提取特征，该输入的特征向量维度为 $100 \times 15\ 376 = 1\ 537\ 600$。训练一个拥有超过百万量级参数的分类器是不切实际的，并且极易出现过拟合（over-fitting）现象。因此，为了进一步削减特征维度，提升网络效率,卷积神经网络使用了下采样(即池化)处理。池化运算的过程类似于卷积核对输入图像的采样,但是池化的主要作用是实现输入特征图的特征聚合,主要包含最大池化、求和池化、平均池化等,如图 3-5 所示。

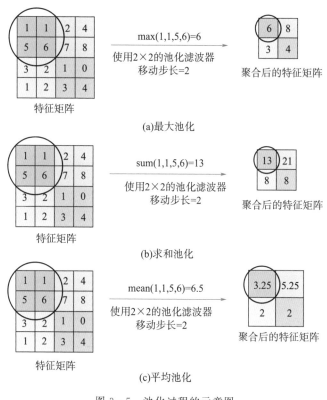

图 3-5　池化过程的示意图

在池化的时候,如果计算区域均值(平均池化),可以保留输入的整体特征,突出背景信息;如果计算区域最大值(最大池化),则能更好保留输入的纹理特征。池化操作后,输出特征图的分辨率降低。需要说明的是,一些卷积神经网络中并不包含池化环节,而是在卷积采样阶段通过合理设置卷积核窗口滑动步长,达到降低输出特征图维度的目的。

3.3　基于卷积神经网络的图像处理任务

3.3.1　图像分类

图像分类是根据各自在图像信息中所反映的不同特征，把不同类别的目标区分开来的图像处理方法。它利用计算机对图像进行定量分析，把图像或图像中的每个像元或区域划归为若干个类别中的某一种，以代替人的视觉判读。

基于卷积神经网络的图像分类就是利用神经网络给输入图像分配一个类别标签的过程，如图 3-6 所示。对于计算机来说，图像中每个像素都是 0～255 之间的整数。图像分类的任务就是将这个二维数组归类为一个对应的标签。目前，适用于图像分类的卷积神经网络有 GoogleNet、ResNet、VGGNet、AlexNet 等。然而，对于机器来说，要识别出图像的内容（类别属性）具有一定难度。因此，图像分类必须考虑如下若干问题。

（1）视角变化

同一个物体，传感器可以从多个角度来展现。

（2）大小变化

在可视范围内，物体的大小通常是会变化的。

（3）形变

很多东西的形状并非固定不变，通常会有很多变化。

（4）遮挡

目标物体可能被挡住，只有物体的一小部分是可见的。

（5）光照条件

光照对像素值的影响较为明显。

（6）背景干扰

目标物体与其背景混淆严重，使之难以被识别。

（7）类内差异

同一类物体的个体之间的特征差异较大。

图像的数字表达

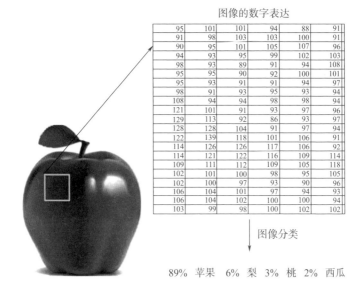

95	101	101	94	88	91
91	98	103	103	100	91
90	95	101	105	107	96
94	93	95	99	102	103
98	93	89	91	94	108
95	95	90	92	100	101
95	93	91	91	94	97
98	91	93	95	93	94
108	94	94	98	98	94
121	101	91	93	97	96
129	113	92	86	93	97
128	128	104	91	97	94
122	139	118	101	106	91
114	126	126	117	106	92
114	121	122	116	109	114
109	111	112	109	105	118
102	101	100	98	95	105
102	100	97	93	90	96
106	104	101	97	94	93
106	104	102	100	100	94
103	99	98	100	102	102

图像分类

89% 苹果　6% 梨　3% 桃　2% 西瓜

图 3 - 6　图像分类模型

　　面对以上制约图像分类方法的因素，用于图像分类的神经网络需要在维持分类结果稳定的同时，保持对类间差异足够敏感。基于神经网络的图像分类的完整流程包含数据输入、网络训练和分类结果评价三个主要环节，其流程图如图 3 - 7 所示。

　　（1）数据输入

　　输入图像集合，每个图像都分配有类别标签，称该图像集合为训练集。

　　（2）网络训练

　　这一步的任务是学习训练集中样本图像的多层次特征。该步骤也可称为分类器训练或者模型的学习。

　　（3）分类结果评价

　　使用分类器（分类网络）预测图像的类别标签，将分类器预测的结果和图像的真实类别标签进行对比，以此来评价分类器的质量。

　　图像分类任务中，可用于神经网络的分类器有：

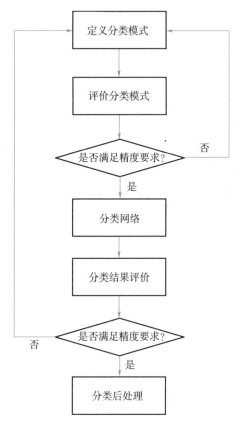

图 3 - 7　图像分类流程图

（1）k - Nearest Neighbor 分类器

k - Nearest Neighbor 分类器的基本思想是：找最相似的 k 个图像的标签，对图像进行投票，把票数最高的标签作为对该图像的预测。其中，当 $k = 1$ 的时候，k - Nearest Neighbor 分类器就是 Nearest Neighbor 分类器。k 值越大，分类的效果越平滑，分类器稳健性越强。

（2）Softmax 分类器

Softmax 是大部分神经网络进行分类预测的首选分类器，Softmax 分类器的实现过程如图 3 - 8 所示。假设神经网络的权重矩阵为 $\boldsymbol{W}(T \times N)$，网络的输入为一个 $N \times 1$ 维的向量 $\boldsymbol{x}$，输出为 $T \times 1$ 维的向量 $\boldsymbol{y}$，T 为类别数。将向量 $\boldsymbol{y}$ 经过 Softmax 函数后得到

$$\boldsymbol{S}_j = \frac{\mathrm{e}^{y_j}}{\sum\limits_{k=1}^{T} \mathrm{e}^{y_k}} \tag{3-5}$$

在进行 Softmax 的归一化处理之后，将会输出维度为 $T \times 1$ 的概率向量 $\boldsymbol{p}$，概率值最大的元素对应着类别序号，最终实现对输入向量 $\boldsymbol{x}$ 的分类。

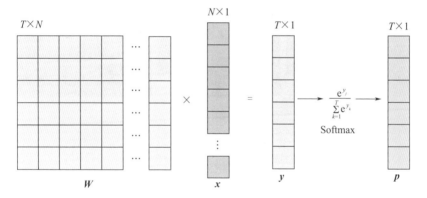

图 3 - 8　Softmax 的实现过程

3.3.2　目标检测

目标检测又称为目标提取，是一种基于目标几何和统计特征的图像分割，它将目标的分割和识别合二为一，其准确性和实时性是整个系统的一项重要能力。尤其是在复杂场景中，需要对多个目标进行实时处理时，目标自动提取和识别就显得特别重要。

随着计算机技术的发展和计算机视觉原理的广泛应用，利用计算机图像处理技术对目标进行实时跟踪研究越来越热门，对目标进行动态实时跟踪定位在智能化交通系统、智能监控系统、军事目标

检测等方面具有广泛的应用价值。

　　基于卷积神经网络的目标检测是指在分类图像的同时把物体位置用矩形框的形式标注出来的过程。目标检测以待解译图像作为输入，输出目标的位置以及类别信息，典型目标检测任务如图 3-9 所示。目前，基于深度学习的目标检测算法主要有：基于候选区域的两阶段算法，如 R-CNN、Fast R-CNN 及 Faster R-CNN 等；可直接产生物体的类别概率和位置坐标值的单阶段算法，如 YOLO 和 SSD 等。此外，还有专注于目标方向信息获取的目标检测算法，如 R2CNN。

图 3-9　图像分类、目标检测及实例分割任务

　　目标检测技术可广泛应用于无人驾驶车辆、公共安防系统、军事目标识别等领域。因此，基于深度学习的目标检测技术具有重要的研究价值和实际意义。如图 3-10 所示，依托深度神经网络构建的目标检测任务主要包括以下关键环节：创建训练深度神经网络所需的目标样本，样本需包含目标的种类信息和位置信息；对目标进行特征提取，通过目标检测结果不断优化分类器，学习和改进目标类别和位置的提取能力。

　　下面简要介绍几种基于深度卷积神经网络的目标检测方法。

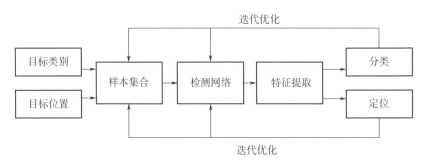

图 3 - 10　目标检测任务的实现过程

（1）R - CNN

R - CNN（Region with CNN feature）是一种基于卷积神经网络的目标检测方法。在 R - CNN 中，利用选择性搜索（select search）方法来生成目标的候选区域，这是一种启发式搜索算法。它首先通过简单的区域划分算法将图像划分成很多小区域，然后通过层级分组方法按照一定相似度合并这些区域，最后形成目标的候选区域。

在目标候选区的基础上，R - CNN 把对目标的检测问题转化为针对候选区图像的分类问题。如图 3 - 11 所示，在进行图像分类时，该方法采用 CNN 提取目标特征，实现了较为理想的分类效果。然而，R - CNN 也存在明显缺点：R - CNN 训练分为多个阶段，导致训练步骤烦琐；候选区选择机制容易引发训练缓慢且占用存储空间的问题。因此，在实际应用中 R - CNN 的处理效率较低。

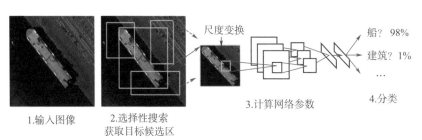

图 3 - 11　R - CNN 方法示意图

（2）Fast R – CNN

Fast R – CNN 解决了 R – CNN 的候选区选择机制效率较低的问题，如图 3 – 12 所示，该目标检测方法利用 RoI（Regions of Interest）机制构建 RoI 池化层，实现目标候选区的提取。Fast R – CNN 的训练和测试不再分多步进行，也不再需要额外的存储资源来保存中间层输出的特征结果。Fast R – CNN 是一种同时优化分类和回归任务的目标检测方法。

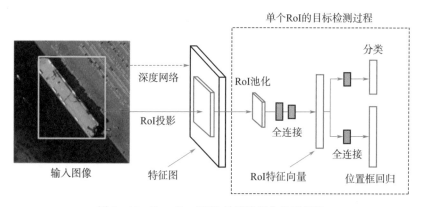

图 3 – 12　Fast R – CNN 目标检测方法示意图

Fast R – CNN 利用卷积神经网络得到输入图像的特征矩阵，并通过选择性搜索方法从原始图像提取目标的区域候选框，并把这些候选框逐一投影到最后的特征层。接着，采用区域归一化处理，针对特征图上的每个目标区域候选框分别进行池化操作，得到大小固定的特征矩阵。最后，结合多分类器（如 Softmax）进行目标种类的识别，根据识别结果对目标框位置与尺寸进行回归，直至满足精度要求。

Fast R – CNN 与 R – CNN 相比，降低了运算成本，节省了运算时间。但是在其运算过程中，大部分时间用来生成候选区域，且使用选择性搜索方法提取候选区域，也导致了一定的磁盘空间占用情况。

（3）Faster R - CNN

不同于 R - CNN 和 Fast R - CNN，Faster R - CNN 将目标检测所需要的四个步骤（候选区域生成、特征提取、目标分类和位置回归）全都交由深度神经网络运行，如图 3 - 13 所示。Faster R - CNN 的训练过程可以完全交由 GPU 来执行，大大提高了运行速度。从 R - CNN 到 Fast R - CNN，再到 Faster R - CNN，目标检测方法实现了计算效率上的提升。

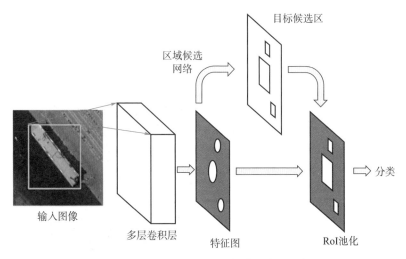

图 3 - 13　Faster R - CNN 目标检测方法示意图

Faster R - CNN 由候选区域生成网络 RPN（Region Proposal Network）和分类网络组成。其中，RPN 将 CNN 中的全连接层替换为卷积层，即构成了全卷积神经网络，它可以实现目标候选区的提取。Faster R - CNN 的工作流程大致可概括为：图像输入、RPN 生成目标候选区、候选区内提取目标特征、目标分类和目标位置回归。

3.3.3　图像语义分割

在计算机视觉领域，图像分割（Segmentation）指的是将数字图像细分为多个图像子区域（像素的集合）（又被称为超像素）的过桯。对象图像分割是指对研究对象的图像数据进行图像分割。对象图像分割用于定位图像中的物体和边界（线、曲线等）。

图像语义分割是指根据像素在图像中的语义信息进行像素级分类的过程。换言之，图像语义分割以图像作为输入，输出每个像素点对应的类别。在基于深度学习的图像语义分割方法中，FCN、U-Net 和 DeepLab 等使用较为广泛，其中 FCN 中的反卷积机制是实现语义分割的关键环节。图 3-14 所示为语义分割任务的示意图，由该图可见，深度神经网络会根据像素点的属性将其归类，并生成语义标注结果，图中语义分割的目的是提取道路信息。目前，图像语义分割被广泛应用于遥感图像地物分类、病理影像分析和目标边界自动化提取等领域。

(a) 输入图像　　　　　　(b) 语义分割结果(道路)

图 3-14　图像的语义分割

基于深度神经网络的图像语义分割任务包含数据预处理、模型选择、网络训练、训练参数优化等环节。下面简要介绍两种典型的基于深度神经网络的图像语义分割方法。

（1）FCN

全卷积网络（Fully Convolutional Networks，FCN）是用于图像语义分割的最基础的网络结构，如图 3-15 所示。FCN 将图像级别的分类聚焦至像素级别。对于图像级分类，卷积神经网络在卷积层之后通常使用全连接层获取用于分类的特征向量，而 FCN 将网络中的全连接层替换为卷积层。因此，网络的输出不再是类别信息而是与图像语义信息相关的"分布图"。同时，为了解决池化对特征矩阵的下采样影响，FCN 提出使用上采样的方式用于恢复与输入图像尺寸一致的特征矩阵。

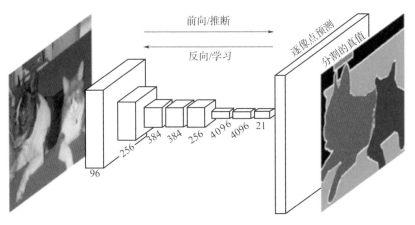

图 3 - 15　　FCN 的网络结构示意图

　　需要指出的是，基于 FCN 的语义分割结果的准确性受采样率的影响较大。当 FCN 中池化的下采样程度较大时，在同样较大的上采样输出的语义分割结果中，无法准确判读出物体的边界，即池化的下采样破坏了物体的边界信息，而上采样过程不能将丢失的边界信息恢复出来。可见，池化（下采样）在语义分割任务中并不能带来性能上的提升，甚至会产生严重的分割错误。

　　为了解决传统 FCN 的边界信息丢失问题，提出了扩张卷积（Dilated Convolutions，亦称空洞卷积）的概念。这种方式人为增加了卷积核内部元素之间的距离。当卷积核覆盖的元素间距离增大时，扩张卷积将在非连续空间（存在孔洞）进行卷积处理。卷积核内部元素间距越大，卷积所覆盖的感受野面积也越大。因此，在没有增加计算量的前提下，扩张卷积增加了感受野。该卷积方式保留了足够多的细节信息，使得语义分割结果的精度有了显著的提升。

（2）U – Net

事实上，FCN 中池化（下采样）操作会导致物体的细节信息丢失，这制约了图像语义分割准确性的进一步提升。因此，为了解决浅层特征图过度下采样引起的物体细节信息丢失的问题，提出了一种高低特征图联合的深度神经网络架构——U – Net。U – Net 具有用来捕捉语义的收缩路径和精准定位的扩展路径，构成了一个高低层特征图相结合的"U"形网络结构。U – Net 可由较少的样本驱动端到端的训练，并且具有较高的图像处理速度。

U – Net 是典型的编码和解码（encoder – decoder）过程，最初提出该结构时，并不是用于对图像进行像素级分割，而是压缩图像和图像去噪声。然而，当 U – Net 思想被以卷积神经网络的形式加以呈现，它就具备了优异的图像分割能力，并主要用于医学图像分割。例如，研究人员首次利用 U – Net 实现了医学图像细胞壁的分割，在肺结节检测以及眼底视网膜上的血管提取等方面都有很高的分割精度。

3.4 适用于遥感图像处理的神经网络

图像解译——影像解译，又称为判读或判释，指从图像获取信息的基本过程。即根据各专业（部门）的要求，运用解译标志和实践经验与知识，从遥感影像上识别目标，定性、定量地提取出目标的分布、结构、功能等有关信息，并把它们生产为标准数据产品。

遥感图像具有分辨率高、覆盖范围大、空间连续性强、模式相对固定、目标相对稳定统一等特点，可以为基于深度学习的神经网络技术在遥感图像解译方面提供有效的数据和特征支撑。目前，基于深度学习的遥感图像解译技术主要关注图像分类、目标识别和语义分割这三个技术方向。其中图像分类技术主要应用于高分辨率遥感图像的场景分类任务；目标识别技术可应用于船、飞机、车辆等的检测任务；语义分割技术主要应用于遥感图像中的变化信息的检测、单一对象（如道路）的提取、地物分类等领域。因此，根据深度学习方法的特点和遥感图像解译任务的需求，可以有针对性地选择不同的深度神经网络模型。

基于深度学习的图像分类方法是实现利用深度神经网络对图像进行特征提取的技术基础。目前，可用于遥感图像分类的典型网络有 GoogleNet、ResNet、VGGNet 等。这些网络及其改进结构能够迅速地对遥感图像进行场景分类，分类结果可作为遥感图像解译的基础数据，进而使用目标识别或语义分割技术开展更加精细化的处理。

基于深度学习的目标识别方法使用神经网络自动提取遥感图像中待检测目标的位置和类别信息，其输出结果是目标在图像中的位置坐标及类别标签。目前，应用于遥感图像目标识别的神经网络模型主要有 Faster R‐CNN、R‐FCN、YOLO、SSD、R2CNN 等。利用这些网络模型能够实现遥感图像中对飞机、舰船、油库等目标的定位和识别。

基于深度学习的语义分割方法使用神经网络模型对遥感图像中每一个像素进行分类，其输出结果是一个与输入图像尺度一致的掩膜矩阵，该掩膜标识出了遥感图像中不同地物的类别及范围信息。基于此，语义分割方法还可以自动提取地物的边界信息。应用于遥感图像语义分割的典型神经网络模型有：FCN、DeepLab‐v3、U‐Net 等。除了对地物进行物理空间划分，如地物分类、道路提取、海陆分割等，基于深度学习的语义分割方法还可以用于处理多时相数据，实现地物变化信息的检测，如检测河流、森林、城市建筑在不同时期的面积变化等。

第4章 遥感图像智能解译系统

4.1 典型任务分析

遥感技术是人类对自身生存环境开展科学调查的重要手段，根据遥感卫星载荷（传感器）不同，大致分为光学遥感和微波遥感两种方式。遥感图像解译的目的是使人类更加全面地了解自身生存的环境，通过解译高分辨率遥感图像，可以更加深刻地反映目标地物的特征并指导人类的实践活动。近几年来，随着我国卫星研发能力的不断提升，特别是"高分"系列卫星不断发射升空，提供了在时间和空间域中特征信息更加丰富的高分辨率遥感图像，这为遥感图像智能解译任务带来了机遇。近几年来，深度卷积神经网络（DCNN）技术得到了快速发展，大量基于 DCNN 的图像处理网络的出现，使得 DCNN 已成为遥感图像智能解译领域非常重要的技术。遥感图像解译可以实现地物类别及变化信息的提取。

遥感图像地物分类是将遥感图像表述的地物按照属性不同进行分类，具体有两种呈现方式：第一，基于场景分类技术的普查。区别于传统的自然图像分类任务，场景分类是一种对遥感图像中不同场景（如：居民区、道路、建筑物等）的多分类任务。将图像规则网格划分，形成包含不同场景的切片（patch），并根据每一个 patch 的属性进行分类。第二，基于语义分割技术的详查。语义分割可以对遥感图像中每个像素点进行分类，获得各地物类别对应的语义标注信息，从而勾勒出每一种地物的空间范围。遥感图像的分辨率越高，语义分割的作用越明显。换言之，"高分"任务获取的遥感图像可以用于更加细粒度的分类任务。因此，针对"高分"数据，遥感图像智能解译的结果可以广泛应用在土地资源调查领域，包括土地资源规划、土地覆盖类型统计、道路提取、水域提取等方向。

遥感图像变化检测是针对时间序列的遥感图像，提取目标变化信息的过程。基于 DCNN 的变化检测结果能够反映同一地理区域的目标属性变化、范围变化等，对于多时相遥感图像分析具有重要意义。"高分"数据与该技术的结合，可以为城市扩张统计、灾难预估、资源管理及动态监测等领域提供技术支撑。

遥感图像目标识别是指在遥感图像中提取待检测目标的位置信息和类别信息的过程。该技术可进行目标的定位、位置数据统计与分析、目标数量与不同类别占比的统计等。因此，利用"高分"数据，基于 DCNN 的遥感图像目标识别技术可广泛应用于交通管理、港口监测等领域。

以下从环境配置、网络结构设计、数据标记、模型生成等角度介绍遥感图像智能解译系统的建设过程。

4.2　环境配置

遥感图像解译系统基于 Linux 系统开发和部署，软件的环境部署主要分为三个部分：

1）NVIDIA 的 GPU 驱动的安装。

2）Docker 及 NVIDIA - Docker 环境的安装。

3）基于 NVIDIA - Docker 的深度学习框架 TensorFlow 的安装和测试。

4.2.1　安装 NVIDIA 驱动

1）查看本机有无 NVIDIA 显卡，打开命令行终端使用如下命令：

```
lspci | grep NVIDIA
```

若命令行有输出，则说明本机已经拥有显卡。

2）卸载原有的 NVIDIA 驱动，若没有安装过驱动，可忽略本步：

```
sudo apt - get remove - purge nvidia*
```

3）bios 禁用 secure boot，也就是设置为 disable，如果没有禁用 secure boot，会导致 NVIDIA 驱动安装失败，或者不正常。

4）禁用 nouveau，打开编辑配置文件：

```
sudo gedit /etc/modprobe. d/blacklist. conf
```

在最后一行添加：

```
blacklist nouveau
```

保存后执行如下命令使配置生效：

```
sudo update - initramfs - u
```

5）重启

```
reboot
```

重启之后，可以查看 nouveau 有没有运行：

```
lsmod | grep nouveau    # 没输出代表禁用生效
```

6）停止可视化桌面：为了安装新的 NVIDIA 驱动程序，需要停止当前的显示服务器。最简单的方法是使用 telinit 命令更改为运行级别 3。执行以下 Linux 命令后，显示服务器将停止，因此需确保在继续之前保存所有当前工作（如果有）：

```
sudo telinit 3
```

之后会进入一个新的命令行会话，使用当前的用户名和密码登录。

7）安装驱动：进入安装包文件夹，修改 NVIDIA - Linux - x86 _64 - 390. 48. run 文件的权限：

```
sudo chmod a + x NVIDIA - Linux - x86_64 - 390. 48. run
```

然后执行安装：

```
sudo sh . /NVIDIA - Linux - x86_64 - 390. 48. run - no - opengl - files
```

安装完毕后重启

8）验证驱动是否安装成功：

nvidia－smi

显示类似如下信息则代表安装成功：

```
+-----------------------------------------------------------------------------+
| NVIDIA-SMI 418.56       Driver Version: 418.56       CUDA Version: 10.1     |
|-------------------------------+----------------------+----------------------+
| GPU  Name      Persistence-M| Bus-Id        Disp.A | Volatile Uncorr. ECC |
| Fan  Temp  Perf  Pwr:Usage/Cap|         Memory-Usage | GPU-Util  Compute M. |
|===============================+======================+======================|
|   0  GeForce GTX 108...  Off  | 00000000:04:00.0 Off |                  N/A |
| 21%   26C    P8    10W / 250W |  10663MiB / 11178MiB |      0%      Default |
+-------------------------------+----------------------+----------------------+
|   1  GeForce GTX 108...  Off  | 00000000:82:00.0 Off |                  N/A |
| 45%   29C    P0    55W / 250W |      0MiB / 11178MiB |      3%      Default |
+-------------------------------+----------------------+----------------------+

+-----------------------------------------------------------------------------+
| Processes:                                                       GPU Memory |
|  GPU       PID   Type   Process name                             Usage      |
|=============================================================================|
|    0    142841      C   /usr/bin/python3                         10653MiB   |
+-----------------------------------------------------------------------------+
```

4.2.2　安装 Docker 及 NVIDIA－Docker 环境

1）Docker 安装：使用官方提供的脚本

curl －fsSL get.docker.com －o get－docker.sh

sudo sh get－docker.sh －－mirror Aliyun

2）建立 Docker 组：

sudo groupadd docker

3）将当前用户加入 Docker 组：

sudo usermod －aG docker $ USER

4）安装 NVIDIA－Docker：

\# If you have nvidia－docker 1.0 installed：we need to remove it and all existing GPU containers

docker volume ls －q －f driver＝nvidia－docker| xargs －r －I{} －n1

docker ps －q －a －f volume＝{} | xargs －r docker rm －f

sudo apt－get purge －y nvidia－docker

\# Add the package repositories

```
curl  - s  - L https://nvidia. github. io/nvidia - docker/gpgkey| \
   sudo apt - key add -
distribution = $ (. /etc/os - release;echo $ ID $ VERSION_ID)
curl  - s  - L
https://nvidia. github. io/nvidia - docker/ $ distribution/nvidia - docker. list | \
   sudo tee /etc/apt/sources. list. d/nvidia - docker. list
sudo apt - get update


# Install nvidia - docker2 and reload the Docker daemon configuration
sudo apt - get install  - y nvidia - docker2
sudo pkill  - SIGHUP dockerd


# Test nvidia - smi with the latest official CUDA image
docker run  - - runtime = nvidia  - - rm nvidia/cuda: 9. 0 - base nvidia
- smi
```

4. 2. 3　安装基于 NVIDIA - Docker 的 TensorFlow 框架

1）使用如下命令从远程仓库安装 TensorFlow：

```
docker pull tensorflow/tensorflow: 1. 8. 0 - gpu - py3
```

2）输入如下指令，如输出 "success" 则代表安装成功：

```
docker run - it  - - rm tensorflow/tensorflow   \
python - c "import tensorflow as tf; \
tf. enable_eager_execution(); \
print(tf. reduce_sum(tf. random_normal([1000，1000))))"
```

4. 3　网络结构设计

在基于 DCNN 的遥感图像处理任务中，网络结构的选型与设计是十分重要的环节。自 LeCun Yann 提出可实用的卷积神经网络

LeNet 以来，各种卷积神经网络结构层出不穷：跳层连接、残差网络、Network in Network 等创新结构在不断提升 DCNN 的特征提取能力。典型的深度卷积神经网络有 VGGNet、Inception 系列、ResNet、DenseNet、SENet、MobileNet 等。

4.3.1 VGGNet

VGGNet 是牛津大学计算机视觉组（Visual Geometry Group）和 Google 公司的 DeepMind 的研究员一起研发的深度卷积神经网络。它主要的贡献是探索了网络深度与网络性能的关系。VGGNet 成功地构筑了 16～19 层深的卷积神经网络。相比之前其他的网络结构，VGGNet 的错误率大幅下降，网络结构如图 4-1 所示。

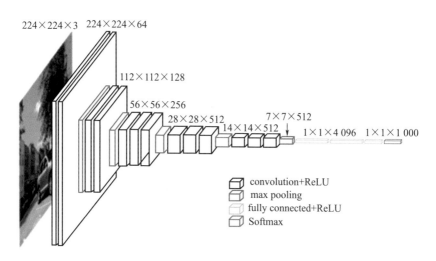

图 4-1 VGG 网络结构

VGGNet 中只使用 3×3 的卷积核和 2×2 的池化窗，并通过不断加深网络结构来提升性能。网络层数的增长并不会带来参数量上的爆炸，这是因为参数量主要集中在最后三个全连接层中。同时，2个 3×3 卷积层的连接相当于 1 个 5×5 的卷积层，3 个 3×3 的卷积层的连接相当于 1 个 7×7 的卷积层，如图 4-2 所示。也就是说 3 个

3×3 卷积层的感受野与 1 个 7×7 的卷积层获得的感受野接近。但是 3 个 3×3 的卷积层的参数量却只有 7×7 的一半左右，同时 3 个卷积层可以配置 3 个非线性操作，而单个卷积层只有 1 个非线性操作，因此，VGGNet 对图像特征的表征能力更强。

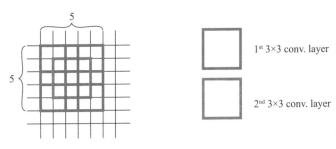

图 4 - 2　3×3 卷积的感受野

VGGNet 的网络配置情况如图 4 - 3 所示。

VGGNet 的出现证明了基本的网络结构设计思路：

1）卷积网络深度的增加有利于分类精度的提高；

2）卷积网络卷积核的大小以 3×3 为最优选择。

网络深度的增加可以提供更多的激活次数，提升了非线性问题的拟合能力。小卷积核的使用更是减少了网络参数。

4.3.2　Inception 系列

Inception 网络是 CNN 分类器发展史上一个重要的里程碑。在 Inception 出现之前，主流的 CNN 模型都关注于把卷积层堆叠得越来越多，致使网络越来越深，网络参数规模越来越大，从而获得更优异的特征学习性能。

Inception 与 VGGNet 同年诞生，虽然 VGGNet 具有较好的泛化性能，可用于目标基础特征的提取和候选框生成等。然而，VGGNet 受限于庞大的参数量，特别是 VGG - 19，属于参数量最多的卷积网络架构之一。

因此，在保证网络深度的情况下，进一步压缩网络参数量并增

ConvNet Configuration					
A	A-LRN	B	C	D	E
11 weight layers	11 weight layers	13 weight layers	16 weight layers	16 weight layers	19weight layers
input (224×224 RGB image)					
conv3-64	conv3-64 **LRN**	conv3-64 **conv3-64**	conv3-64 **conv3-64**	conv3-64 **conv3-64**	conv3-64 **conv3-64**
maxpool					
conv3-128	conv3-128	conv3-128 **conv3-128**	conv3-128 **conv3-128**	conv3-128 **conv3-128**	conv3-128 **conv3-128**
maxpool					
conv3-256 conv3-256	conv3-256 conv3-256	conv3-256 conv3-256	conv3-256 conv3-256 **conv1-256**	conv3-256 conv3-256 **conv3-256**	conv3-256 conv3-256 conv3-256 **conv3-256**
maxpool					
conv3-512 conv3-512	conv3-512 conv3-512	conv3-512 conv3-512	conv3-512 conv3-512 **conv1-512**	conv3-512 conv3-512 **conv3-512**	conv3-512 conv3-512 conv3-512 **conv3-512**
maxpool					
conv3-512 conv3-512	conv3-512 conv3-512	conv3-512 conv3-512	conv3-512 conv3-512 **conv1-512**	conv3-512 conv3-512 **conv3-512**	conv3-512 conv3-512 conv3-512 **conv3-512**
maxpool					
FC-4096					
FC-4096					
FC-1000					
soft-max					

图 4-3　VGGNet 的网络配置情况

加特征表达的能力是神经网络结构发展的趋势。Inception 网络源自于 Network in Network 思想。该网络结构通过引入 1×1 卷积，给输入的数据乘以一个系数，其作用是可以将多个通道的特征图进行线性组合，也就是通道间的信息融合，此外还可以起到调整特征图尺寸的作用。目前 Inception 已经演化为多个版本：Inception v1、Inception v2 和 Inception v3、Inception v4 和 Inception-ResNet。

Inception v1 是 Inception 网络的第一个版本，它构建了一个子网络结构，称为 Inception 模块，如图 4-4 所示。输入图像同时经过核尺寸为 $1×1$、$3×3$、$5×5$ 的卷积层以及 $3×3$ 的最大池化层，并将所有特征图进行合并（concatenate），合并后的特征图将作为下一层的输入。由于网络参数规模过于庞大，深度神经网络需要耗费大量计算资源。为了降低算力成本，研究人员在 $3×3$ 和 $5×5$ 卷积层之前设置了 $1×1$ 卷积层，用于限制输入特征图通道的数量。考虑到 $1×1$ 卷积具有最低的计算成本，并且输入通道数的压缩也有利于提升计算效率。同时，该子网络结构增强了对尺度信息的适应性，使网络具有更广泛的特征提取能力。

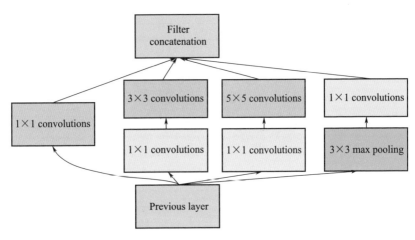

图 4-4　Inception 网络模块结构

在 Inception v1 的网络结构基础上，Inception v2 引入了批归一化层（Batch Nornalization Layer），该层可以使网络各层输出都规范化到满足 $N(0，1)$ 分布，此外还使用两个 $3×3$ 的卷积核代替 $5×5$ 卷积操作，如图 4-5 所示。

Inception v3 将 $n×n$ 的卷积进一步拆分为 $1×n$ 和 $n×1$ 的级联，既增加网络深度，又增加了网络的非线性表达能力，如图 4-6 所示。

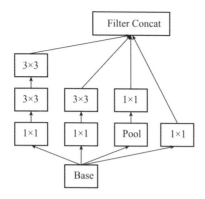

图 4 - 5　Inception v2 中的 Inception 模块

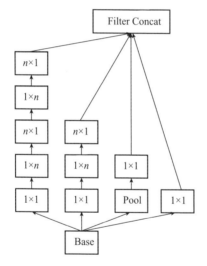

图 4 - 6　Inception v3 中的 Inception 模块

4.3.3　ResNet 和 Inception v4

深度残差网络（Deep Residual Network，ResNet）解决的是 DCNN 训练难的问题。虽然，更深的网络能够更好地表征图像特征，但是，在 VGG19（19 层网络）之后，随着网络的不断加深，出现了梯度消失/梯度爆炸的现象，准确率达到饱和后迅速下降，并且层数越多训练误差越大。

因此，ResNet 引入了残差学习来解决网络退化问题，如图 4-7 所示。假设某层的基础映射为 $H(x)$，令 $F(x)=H(x)-x$，则这样学习到的 $H(x)$ 就是 $F(x)+x$，其中 $F(x)$ 即为残差，也就是说网络层间的传递只有残差，即所谓的残差学习。该结构的优势在于残差映射比原始的映射更容易优化。

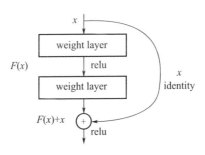

图 4-7　残差网络示意图

ResNet 通常使用两种残差单元，如图 4-8 所示。图 4-8（a）对应的是浅层网络，而图 4-8（b）对应的是深层网络。对于捷径（shortcut）连接，当输入和输出维度一致时，可以直接将输入叠加到输出。但是当维度不一致时（对应的是维度增加一倍），这就不能直接相加。有两种策略：

1）采用补零（zero-padding）增加维度，此时一般要先做一个下采样，可以采用步长（stride）为 2 的池化（pooling），这样不会增加参数；

2）采用新的映射（projection shortcut），一般采用 1×1 的卷积，这样会增加参数，也会增加计算量。

ResNet 的网络结构是在 VGG19 的基础上加入了残差单元，ResNet 最深可以做到 152 层，与以往的网络相比网络深度大幅提升，而其参数量只有 VGG19 的 18%，参数量显著减少。受到 ResNet 的启发，Inception 系列也提出了一些优化结构。Inception v4 是利用不同的 Inception 结构的级联，而 Inception-ResNet 则是

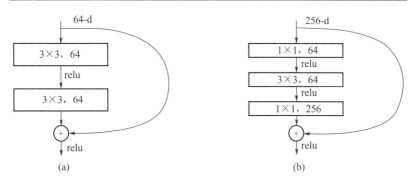

图 4 - 8　ResNet 网络模块

在 Inception 结构中引入残差的思想，在并行层之间进行连接和信息传递。相关的子网络结构如图 4 - 9 所示，Inception - ResNet 网络结构如图 4 - 10 所示。

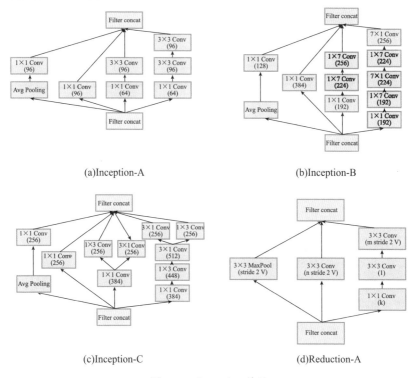

图 4 - 9　Inception 单元

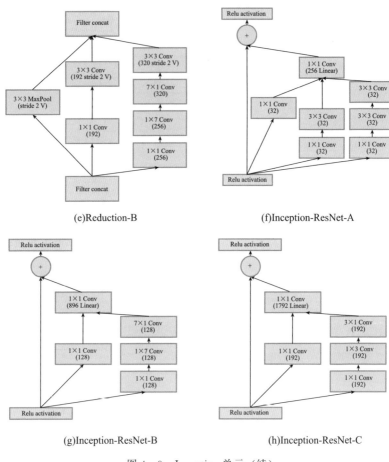

(e)Reduction-B   (f)Inception-ResNet-A

(g)Inception-ResNet-B   (h)Inception-ResNet-C

图 4-9　Inception 单元（续）

4.3.4　DenseNet

在对 ResNet 的研究中得出，随机地丢弃（drop）一些层可以显著提高 ResNet 的泛化性能，这说明神经网络中不一定每一层都只依赖于相邻层的特征，也可以依赖于更前层的特征。ResNet 具有很明显的结构冗余，随机丢掉一些层不会对网络能力造成太大影响。

当 CNN 的深度不断增加时，会出现一个不可回避的问题：当输入或者梯度的信息通过很多层之后，很可能会发生消失或过度膨胀。

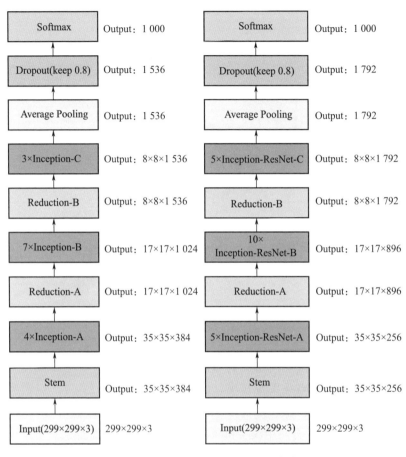

图 4 - 10　Inception - ResNet 网络结构

为了确保网络层之间的最大信息流，将所有层直接彼此连接。研究人员提出了 DenseNet 的设计思路，即 DenseNet 中任何两层之间都有直接连接，每一层输入都是前面所有层输出的合集，如图 4 - 11 所示。

该网络架构相较于 ResNet，在特性传递之前，没有通过求和来进行特性组合，而是通过层与层之间的连接，形成特征的逐层或跨层传递。正因为该网络层间连接的致密性，研究人员将其称为致密网络，即 DenseNet。该网络中的每一层都与前面层连接，同时把每

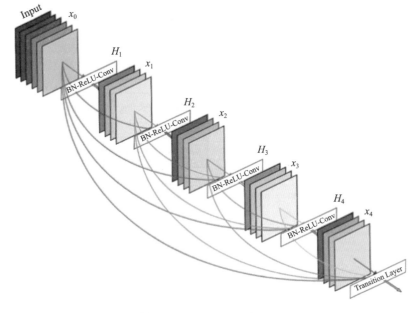

图 4 - 11　DenseNet 原理图

一层的深度（depth）都设计得很小，让其学习非常少的特征图从而
降低冗余。其优点是参数量小，计算量小，且泛化性能高。参数和
计算量小主要是由于每层学习的特征减少，去除了冗余特征。
DenseNet 可以综合利用浅层和深层的特征矩阵，从而得到更为全面
的目标信息。

4.3.5　SENet

SENet 的主要贡献是通过显式地建立通道之间的相互依赖关系，
自适应调整通道的权重，用学习的方式获得全局信息，对特征分别
进行强调或抑制。

如图 4 - 12 所示，给定一个输入 X ，其特征通道数为 C' ，通过
一系列卷积后得到一个特征通道数为 C 的特征。与常规的 DCNN 不
同的是，接下来通过三个操作来重标定前面得到的特征。首先是挤

压（Squeeze）操作，顺着空间维度来进行特征压缩，将每个二维的特征通道变成一个实数，这个实数某种程度上具有全局的感受野，并且输出的维度和输入的特征通道数相匹配。它表征着在特征通道上响应的全局分布，而且使得靠近输入的层也可以获得全局的感受野，这一点在很多任务中都是非常有用的。其次是激发（Excitation）操作，它通过参数 W 来为每个特征通道生成权重，其中参数 W 被学习用来显式地建模特征通道间的相关性。最后是一个重加权（Reweight）操作，将"激发"输出的权重看作是经过特征选择后的每个特征通道的重要性，然后通过乘法逐通道加权到先前的特征上，完成在通道维度上的对原始特征的重标定。

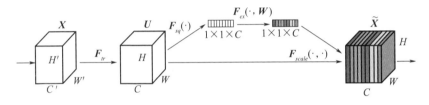

图 4 - 12   SENet 结构图

确切地说，SENet 不是一个具体的网络结构，而是一种可以搭载到其他网络上的网络模块。该网络模块在基本不增加计算成本的基础上，较大幅度地提升了模型性能。

4.3.6   网络结构的 Python 代码实现

下面给出若干典型深度卷积神经网络结构的 Python 代码实现：

（1）AlexNet

```
def alexnet_v2(inputs,
               num_classes = 1000,       # 分类数为 1000
               is_training = True,
               dropout_keep_prob = 0.5,
               spatial_squeeze = True,    # 对输出做 Squeeze 处理
```

```
                scope = 'alexnet_v2') :
with variable_scope. variable_scope(scope, 'alexnet_v2', [inputs]) as sc:
    end_points_collection = sc. original_name_scope + '_end_points'
    # Collect outputs for conv2d, fully_connected and max_pool2d.
    with arg_scope(
        [layers. conv2d, layers_lib. fully_connected, layers_lib. max_pool2d],
        outputs_collections = [end_points_collection]):
    net = layers. conv2d(
        inputs,64, [11, 11], 4, padding = 'VALID', scope = 'conv1')
    net = layers_lib. max_pool2d(net, [3, 3], 2, scope = 'pool1')
    net = layers. conv2d(net, 192, [5, 5], scope = 'conv2')
    net = layers_lib. max_pool2d(net, [3, 3], 2, scope = 'pool2')
    net = layers. conv2d(net, 384, [3, 3], scope = 'conv3')
    net = layers. conv2d(net, 384, [3, 3], scope = 'conv4')
    net = layers. conv2d(net, 256, [3, 3], scope = 'conv5')
    net = layers_lib. max_pool2d(net, [3, 3], 2, scope = 'pool5')
    # Use conv2d instead of fully_connected layers.
    with arg_scope(
        [layers. conv2d],
        weights_initializer = trunc_normal(0. 005),
        biases_initializer = init_ops. constant_initializer(0. 1)):
    net = layers. conv2d(net, 4096, [5, 5], padding = 'VALID', scope = 'fc6')
    net = layers_lib. dropout(
        net, dropout_keep_prob,is_training = is_training, scope = 'dropout6')
    net = layers. conv2d(net, 4096, [1, 1], scope = 'fc7')
    net = layers_lib. dropout(
        net, dropout_keep_prob,is_training = is_training, scope = 'dropout7')
    net = layers. conv2d(
        net,
```

```
        num_classes, [1, 1],
        activation_fn = None,
        normalizer_fn = None,
        biases_initializer = init_ops. zeros_initializer(),
        scope = 'fc8')
    # Convert end_points_collection into a end_point dict.
    end_points = utils. convert_collection_to_dict(end_points_collection)
    if spatial_squeeze:
        net = array_ops. squeeze(net, [1, 2], name = 'fc8/squeezed')
        end_points[sc. name + '/fc8'] = net
    return net, end_points
alexnet_v2. default_image_size = 224
```

（2）VGG

```
# 定义 VGG a 网络
def vgg_a(inputs,
        num_classes = 1000,   # 分类数为 1000
        is_training = True,
        dropout_keep_prob = 0. 5,
        spatial_squeeze = True,   # 对输出做 squeeze
        scope = 'vgg_a'):
    with variable_scope. variable_scope(scope, 'vgg_a', [inputs]) as sc:
    end_points_collection = sc. original_name_scope + '_end_points'   # 收集网
络权重信息
        # Collect outputs for conv2d, fully_connected and max_pool2d.
        with arg_scope(
            [layers. conv2d, layers_lib. max_pool2d],
            outputs_collections = end_points_collection):
        net = layers_lib. repeat(
            inputs,1, layers. conv2d, 64, [3, 3], scope = 'conv1')
```

```
net = layers_lib. max_pool2d(net, [2, 2], scope = 'pool1')
net = layers_lib. repeat (net, 1, layers. conv2d, 128, [3, 3], scope =
'conv2')
net = layers_lib. max_pool2d(net, [2, 2], scope = 'pool2')
net = layers_lib. repeat (net, 2, layers. conv2d, 256, [3, 3], scope =
'conv3')
net = layers_lib. max_pool2d(net, [2, 2], scope = 'pool3')
net = layers_lib. repeat (net, 2, layers. conv2d, 512, [3, 3], scope =
'conv4')
net = layers_lib. max_pool2d(net, [2, 2], scope = 'pool4')
net = layers_lib. repeat (net, 2, layers. conv2d, 512, [3, 3], scope =
'conv5')
net = layers_lib. max_pool2d(net, [2, 2], scope = 'pool5')
# Use conv2d instead of fully_connected layers.
net = layers. conv2d(net, 4096, [7, 7], padding = 'VALID', scope = 'fc6')
net = layers_lib. dropout(
    net, dropout_keep_prob, is_training = is_training, scope = 'dropout6')
net = layers. conv2d(net, 4096, [1, 1], scope = 'fc7')  # 全连接层
net = layers_lib. dropout(
    net, dropout_keep_prob, is_training = is_training, scope = 'dropout7')
net = layers. conv2d(
    net,
    num_classes, [1, 1],
    activation_fn = None,
    normalizer_fn = None,
    scope = 'fc8')
# Convert end_points_collection into a end_point dict.
end_points = utils. convert_collection_to_dict(end_points_collection)
if spatial_squeeze:
```

```
net = array_ops. squeeze(net, [1, 2], name = 'fc8/squeezed')
    end_points[sc. name + '/fc8'] = net
  return net, end_points
vgg_a. default_image_size = 224
# 定义 VGG16 模型
def vgg_16(inputs,
        num_classes = 1000,  # 分类数为 1000
        is_training = True,
        dropout_keep_prob = 0. 5,
        spatial_squeeze = True,  # 对输出做 Squeeze
        scope = 'vgg_16'):
  with variable_scope. variable_scope(scope, 'vgg_16', [inputs]) as sc:
    end_points_collection = sc. original_name_scope + '_end_points'
    # Collect outputs for conv2d, fully_connected and max_pool2d.
    with arg_scope(
        [layers. conv2d, layers_lib. fully_connected, layers_lib. max_pool2d],
        outputs_collections = end_points_collection):
    net = layers_lib. repeat(
        inputs,2, layers. conv2d, 64, [3, 3], scope = 'conv1')
    net = layers_lib. max_pool2d(net, [2, 2], scope = 'pool1')
    # 不同的卷积层
    net = layers_lib. repeat (net, 2, layers. conv2d, 128, [3, 3], scope =
'conv2')
    net = layers_lib. max_pool2d(net, [2, 2], scope = 'pool2')
    net = layers_lib. repeat (net, 3, layers. conv2d, 256, [3, 3], scope =
'conv3')
    net = layers_lib. max_pool2d(net, [2, 2], scope = 'pool3')
    net = layers_lib. repeat (net, 3, layers. conv2d, 512, [3, 3], scope =
'conv4')
```

```
net = layers_lib. max_pool2d(net, [2, 2], scope = 'pool4')
net = layers_lib. repeat(net, 3, layers.conv2d, 512, [3, 3], scope =
'conv5')
net = layers_lib. max_pool2d(net, [2, 2], scope = 'pool5')
# Use conv2d instead of fully_connected layers.
net = layers. conv2d(net, 4096, [7, 7], padding = 'VALID', scope = 'fc6')
net = layers_lib. dropout(
    net, dropout_keep_prob, is_training = is_training, scope = 'dropout6')
net = layers. conv2d(net, 4096, [1, 1], scope = 'fc7')  # 全连接层
net = layers_lib. dropout(
    net, dropout_keep_prob, is_training = is_training, scope = 'dropout7')
net = layers. conv2d(
    net,
    num_classes, [1, 1],
    activation_fn = None,
    normalizer_fn = None,
    scope = 'fc8')
# Convert end_points_collection into a end_point dict.
    end_points = utils. convert_collection_to_dict(end_points_collection)
if spatial_squeeze:
    net = array_ops. squeeze(net, [1, 2], name = 'fc8/squeezed')
    end_points[sc. name + '/fc8'] = net
    return net, end_points
vgg_16. default_image_size = 224
# 定义 VGG 19 模型
def vgg_19(inputs,
        num_classes = 1000,  # 分类数为 1000
        is_training = True,
        dropout_keep_prob = 0. 5,
```

```
        spatial_squeeze = True,  # 对输出做 Squeeze
        scope = 'vgg_19'):
    with variable_scope. variable_scope(scope, 'vgg_19', [inputs]) as sc:
        end_points_collection = sc. name + '_end_points'
        # Collect outputs for conv2d, fully_connected and max_pool2d.
        with arg_scope(
            [layers. conv2d, layers_lib. fully_connected, layers_lib. max_pool2d],
            outputs_collections = end_points_collection):
```

不同的卷积层

```
net = layers_lib. repeat(
    inputs,2, layers. conv2d, 64, [3, 3], scope = 'conv1')
net = layers_lib. max_pool2d(net, [2, 2], scope = 'pool1')
net = layers_lib. repeat (net, 2, layers. conv2d, 128, [3, 3], scope =
'conv2')
net = layers_lib. max_pool2d(net, [2, 2], scope = 'pool2')
net = layers_lib. repeat (net, 4, layers. conv2d, 256, [3, 3], scope =
'conv3')
net = layers_lib. max_pool2d(net, [2, 2], scope = 'pool3')
net = layers_lib. repeat (net, 4, layers. conv2d, 512, [3, 3], scope =
'conv4')
net = layers_lib. max_pool2d(net, [2, 2], scope = 'pool4')
net = layers_lib. repeat (net, 4, layers. conv2d, 512, [3, 3], scope =
'conv5')
net = layers_lib. max_pool2d(net, [2, 2], scope = 'pool5')
# Use conv2d instead of fully_connected layers.
net = layers. conv2d(net, 4096, [7, 7], padding = 'VALID', scope = 'fc6')
net = layers_lib. dropout(
    net, dropout_keep_prob,is_training = is_training, scope = 'dropout6')
net = layers. conv2d(net, 4096, [1, 1], scope = 'fc7')  # 全连接层
```

```
net = layers_lib. dropout(
    net, dropout_keep_prob, is_training = is_training, scope = 'dropout7')
net = layers. conv2d(
    net,
    num_classes, [1, 1],
    activation_fn = None,
    normalizer_fn = None,
    scope = 'fc8')
# Convert end_points_collection into a end_point dict.
end_points = utils. convert_collection_to_dict(end_points_collection)
if spatial_squeeze:
    net = array_ops. squeeze(net, [1, 2], name = 'fc8/squeezed')
    end_points[sc. name + '/fc8'] = net
return net, end_points
vgg_19. default_image_size = 224
```

（3）ResNet-v1

```
# 定义 bottleneck 结构
@add_arg_scope
def bottleneck(inputs, # 输入是张量
              depth,
              depth_bottleneck,
              stride,
              rate = 1,
              outputs_collections = None,
              scope = None):
with variable_scope. variable_scope(scope, 'bottleneck_v1', [inputs]) as sc:
    depth_in = utils. last_dimension(inputs. get_shape(), min_rank = 4)
    if depth == depth_in:
        # 如果残差单元的输入和输出通道数一致,则按照 stride 对 inputs
```

进行降采样

```
    shortcut = resnet_utils. subsample(inputs, stride, 'shortcut')
else:
    # 如果不一致,则按照 stride 和 1 * 1 卷积改变通道数
    shortcut = layers. conv2d(
        inputs,
        depth, [1, 1],
        stride = stride,
        activation_fn = None,
        scope = 'shortcut')
    # 不同的卷积操作
    residual = layers. conv2d(
        inputs, depth_bottleneck, [1, 1], stride = 1, scope = 'conv1')
    residual = resnet_utils. conv2d_same(
        residual, depth_bottleneck, 3, stride, rate = rate, scope = 'conv2')
    residual = layers. conv2d(
        residual, depth, [1, 1], stride = 1, activation_fn = None, scope =
'conv3')
    # 降采样结果与残差相加
    output = nn_ops. relu(shortcut + residual)
    return utils. collect_named_outputs(outputs_collections, sc. name, output)
# 定义 101 层的 ResNet
def resnet_v1_101(inputs,
                  num_classes = None,
                  is_training = True,
                  global_pool = True,
                  output_stride = None,
                  reuse = None,
                  scope = 'resnet_v1_101'):
```

```
#  反复堆叠 block 单元，构建 ResNet
  blocks = [
        resnet_v1_block('block1', base_depth = 64, num_units = 3, stride = 2),
        resnet_v1_block('block2', base_depth = 128, num_units = 4, stride =
2),
        resnet_v1_block('block3', base_depth = 256, num_units = 23, stride =
2),
        resnet_v1_block('block4', base_depth = 512, num_units = 3, stride =
1),
  ]
#  返回构建结果
  return resnet_v1(
      inputs,
      blocks,
      num_classes,
      is_training,
      global_pool,
      output_stride,
      include_root_block = True,
      reuse = reuse,
      scope = scope)
```

（4）Inception_v1

见附录 A。

4.4　样本标记

网络训练需要依靠高质量的样本库。目前，已有多种使用遥感图像构建的公开数据集。UC Merced Land - Use 是进行场景分类的数据集，每张图像的大小为 256×256 像素，总计 21 类场景，共 2

100 张图像。WHU - RS19 数据集包含 19 类场景图像，每张图像大小为 600×600 像素，共 1 005 张。大规模数据集有 NWPU，该数据集每张图像大小为 256×256 像素，图像总数达到了 31 500 张，所包含的 45 类场景涵盖了大部分地面典型区域。此外，还有一些小规模数据集，如 SIRI - WHU、RSSCN7、RSC11 等。针对目标检测，比较常用的是 DOTA 数据集，它包含了 15 个目标类别，2 806 张遥感图像，总计 188 282 个目标实例。针对城市建筑物提取（语义分割任务），可以使用 INRIA aerial 图像数据集，像素级的标注有利于检测目标的范围和轮廓信息。公开数据集的列表见表 4 - 1。

表 4 - 1　公开数据集列表

数据集名称	下载地址
UC Merced Land - Use	http：//weegee. vision. ucmerced. edu/datasets/landuse. html
WHU - RS19	http：//dsp. whu. edu. cn/cn/staff/yw/HRSscene. html
SIRI - WHU	http：//www. lmars. whu. edu. cn/prof _ web/zhongyanfei/e - code. html
RSSCN7	https：//sites. google. com/site/qinzoucn/documents
RSC11	https：//www. researchgate. net/publication/271647282 _ RS _ C11_Database
NWPU	http：//www. escience. cn/people/JunweiHan/NWPU - RESISC 45.html
DOTA	http：//captain. whu. edu. cn/DOTAweb/
UCAS - AOD	http：//www. ucassdl. cn/resource. asp
NWPU VHR - 10	http：//jiong. tea. ac. cn/people/JunweiHan/NWPUVHR10 dataset.html
RSOD	https：//github. com/RSIA - LIESMARS - WHU/RSOD - Dataset -
INRIA aerial image	https：//project. inria. fr/aerialimagelabeling/

　　数据集中每个遥感图像都包含了目标的标注信息，即目标的标签（label），可以说具有标签的数据是进行大规模监督学习的前提。然而，遥感图像包含的地物内容十分丰富，遥感图像解译的关注点也各不相同，显然，已有的公开数据集与实际应用之间仍存在较大差异。因此，当样本数据量不足时，可以通过自有数据进行标记，扩充有效的样本数据。语义分割的样本标记方法如图 4 - 13 所示，标记时使用掩膜作为对象范围的标签。针对目标检测，有两种方式标记样本，如图 4 - 14 所示。图中水平框适用于方向较为单一（水平或垂直）目标的标记，倾斜框则多用于对多方向目标的标记。除了对目标（或对象）的范围、位置、方向的标记外，在制作样本数据集的过程中，最为重要的是对目标（或对象）类别的说明。在标记类别时，应尽量避免引入难以人工判读的数据，保证网络训练的稳健性。然而，为了提升网络的泛化能力，适当增加类别之内的多样性也是十分必要的。

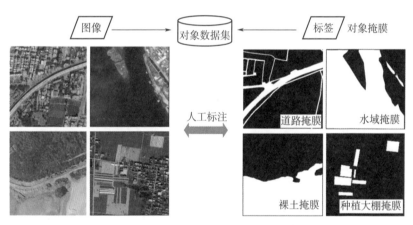

图 4 - 13　对象级分类（语义分割）样本标注示意图

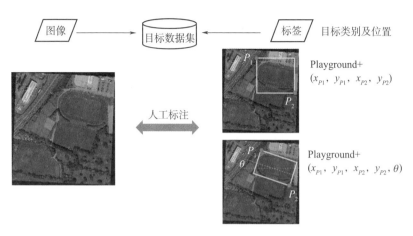

图 4 - 14　目标检测样本标注示意图

4.5　系统建模

基于深度学习的遥感图像解译系统框架包括数据预处理、网络模型选择、训练、测试及后处理等功能环节，具体的流程如图 4 - 15 所示。

4.5.1　数据预处理

（1）数据基本处理

在网络训练开始之前，首先要将原始的遥感图像数据进行预处理。对于深度卷积神经网络，当输入数据量过大时，可能会导致存储资源枯竭而终止训练。尤其对于"高分"任务获取的遥感图像，一景图像的尺寸通常在 10 000×10 000 像素以上。因此，需要对图像进行规则网格划分，构成尺寸较小的数据集合。在切割图像时，为了避免边缘效应，可以设置网格的重叠度。

此外，还需要将图像格式进行统一（如 jpeg、png、tiff 等）。去均值是图像预处理中的一个常用环节。输入图像减去训练集中所有图像的特征均值，将输入数据的各个维度都中心化到 0。数据集一般按照 6∶2∶2 的比例分为训练集、交叉验证集和测试集。

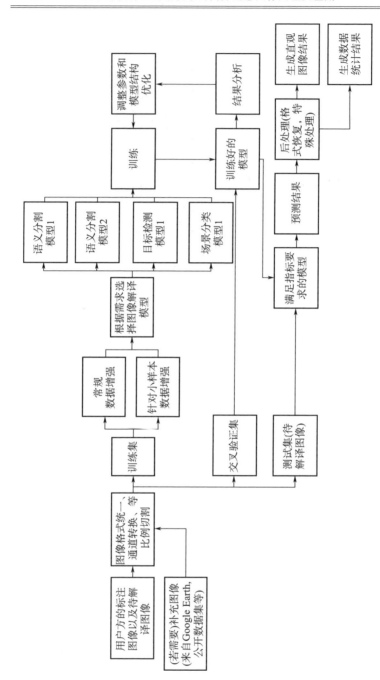

图 4 - 15 遥感图像解译流程图

（2）数据增广

当数据集所含样本较少时，合理的数据增广能够增加样本数量，常用的数据增广方法有：

1）随机色彩抖动（Color Jittering）。也称色彩抖动，对图像色彩进行改变，如调整图像亮度、饱和度和对比度。

2）随机裁剪（Random Crop）。对图像进行裁剪，裁剪掉的部分补零。

3）随机放缩（Random Scale）。图像随机放大或缩小以及长宽比增强变换。如果有图像缩小则补零。

4）翻转（Horizontal/Vertical Flip）。水平或垂直翻转。

5）PCA 抖动（PCA Jittering）。按照 RGB 三个颜色通道计算均值和标准差，对网络的输入数据进行规范化。在整个训练集上计算协方差矩阵，进行特征分解，得到特征向量和特征值，用来做 PCA Jittering。

6）随机旋转（Random Rotate）。可任意指定角度，用零补全。

7）高斯噪声（Gaussian Noise）。当神经网络试图学习可能并无用处的高频特征时（即频繁发生的无意义模式），常常会发生过拟合。具有零均值特征的高斯噪声本质上就是在所有频率上都有数据点，能有效使得高频特征失真，减弱它对模型的影响。

8）标签重排序（Label Shuffling）。针对样本不均衡的数据增强，首先对原始的图像列表，按照标签顺序进行排序；接着计算每个类别的样本数量，并得到样本最多的那个类别的样本数。根据这个最多的样本数，对每类随机都产生一个随机排列的列表；然后用每个类别的列表中的数对各自类别的样本数求余，得到一个索引值，从该类的图像中提取图像，生成该类的图像随机列表；再把所有类别的随机列表连在一起随机排序，得到最后的图像列表，用这个列表进行训练。每个列表，到达最后一张图像的时候，再重新做一遍这些步骤，得到一个新的列表，接着训练。

针对遥感图像目标检测任务，给出若干数据增广处理的典型示例如下：

　　1）实现输入图像的角度变换，如图 4 - 16 所示。

 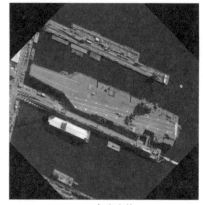

(a) 输入图像　　　　　　　　　　　　　(b) 角度变换

图 4 - 16　数据增广——角度变换

　　2）实现输入图像的尺度变换，如图 4 - 17 所示。

 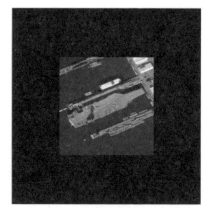

(a) 输入图像　　　　　　　　　　　　　(b) 尺度变换

图 4 - 17　数据增广——尺度变换

　　3）实现输入图像的平移处理，如图 4 - 18 所示。

　　　　(a) 输入图像　　　　　　　　　　　　　(b) 平移

图 4-18　数据增广——平移处理

　　4）实现输入图像的随机遮盖，如图 4-19 所示。

　　　　(a) 输入图像　　　　　　　　　　　　　(b) 随机遮盖

图 4-19　数据增广——随机遮盖

　　5）实现输入图像的随机裁剪，如图 4-20 所示。

　　6）实现输入图像的添加噪声处理，如图 4-21 所示。

　　7）实现输入图像的增加云雾处理，如图 4-22 所示。

(a) 输入图像　　　　　　　　　　　(b) 随机裁剪

图 4 - 20　数据增广——随机裁剪

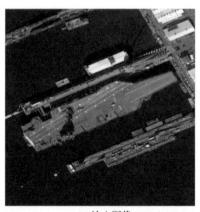 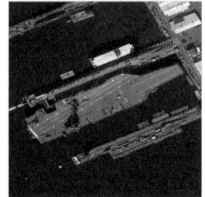

(a) 输入图像　　　　　　　　　　　(b) 添加噪声

图 4 - 21　数据增广——添加噪声

8）实现输入图像的混合叠加（mix - up）处理，如图 4 - 23 所示。

9）实现输入图像的颜色变换处理，如图 4 - 24 所示。

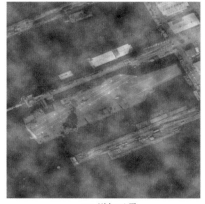

(a) 输入图像　　　　　　　　　　(b) 增加云雾

图 4 - 22　数据增广——增加云雾

(a) 输入图像　　　　　　　　　　(b) 混合叠加

图 4 - 23　数据增广——混合叠加

（3）格式转换

完成上述处理后，还需进行数据集的格式转换，将用于训练的图像转换成网络输入要求的标准格式，通常采用 Pascal VOC 格式。目标识别任务需要转换成 jpeg 图像以及包含目标坐标的 xml 文件。语义分割任务则需要转换成 jpeg 图像和对应的 label 图。在 TensorFlow 中，数据需要转化为 TFrecord 格式才能被读取。

(a) 输入图像   (b) 颜色变换

图 4 - 24 数据增广——颜色变换

4.5.2 网络模型选择

进行完数据预处理后，就可以根据精度要求和任务特点开始选择网络模型。网络模型选择分为算法选择和骨干（backbone）网络选择。图 4 - 25 展示了不同网络的精度与运行速度的对比。此外，同一种算法可以选择不同的骨干网络。例如，针对目标识别的 Faster R - CNN 算法可以选择 VGG16 作为骨干网络，也可以选择 ResNet101 作为骨干网络。

（1）算法选择

算法选择首先要根据任务特点，其次要考虑任务的数据集情况，如数据量的多少、特征的难易程度、样本的不均衡度等。一个算法在实验中的效果良好，并不代表它能够较好地解决一个实际的遥感图像解译任务。

目标识别算法一般分为 Two Stage 和 One Stage 两类。一般来说，如果追求识别精度则选择 Two Stage 的经典算法，如 Faster R - CNN、R - FCN、FPN。如果综合考量识别精度和运行速度，则选择 One Stage 的算法，如 SSD、YOLOv3 等。

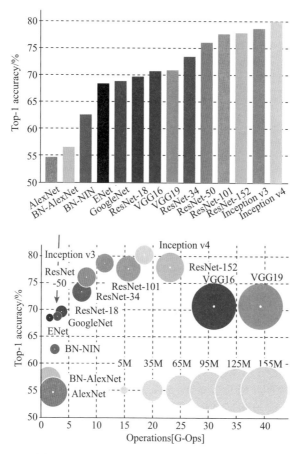

图 4 - 25　不同网络的精度与运行速度的对比

对于语义分割任务同样有几种经典算法且各有优势。其中应用范围较广的包括 U - Net、SegNet、LinkNet、DeepLab 系列、PSPNet、100layers Tiramisu 等。另外还有实现实例分割的网络，如 Mask R - CNN。这些方法都能够应用于遥感图像地物识别任务，只是不同的模型的效果会有所不同，需要结合遥感图像自身特征，通过参数优化提升网络性能。

（2）骨干网络选择

对于骨干网络选择：VGG 网络精度有限，且计算量较大，网络参数也是最多的；ResNet 系列精度较高，计算量较大；Inception 系列因为带有自适应选择卷积核的机制以及降低参数量的 1×1 卷积机制，使得其计算成本和精度都有较好的表现。因此，考虑自有的计算资源情况，可选择基于 Inception 系列和 ResNet 系列的骨干网络结构，并进行适当的调整。

引入一些模型层的机制可以在骨干网络的基础上进行优化。例如，加入 SE - Net 结构，可能会起到提升模型性能的作用，加入 bottleneck 层（1×1）和可分离卷积层等，可减少模型的参数量。

4.5.3　损失函数设计

损失函数（loss function）或代价函数（cost function）是将随机事件或其有关随机变量的取值映射为非负实数以表示该随机事件的"风险"或"损失"的函数。在应用中，损失函数通常作为学习准则与优化问题相联系，即通过最小化损失函数求解和评估模型。

一个 DCNN 模型想要具备较好的性能，除了合理的网络结构外，对于损失函数的设计也是至关重要的。一般来说，损失函数可以划分为两部分：常规损失函数和基于特定问题的附加损失函数。

（1）常规损失函数

一般来说，不同的任务和网络模型对应着不同形式的损失函数，具体见表 4 - 2。

表 4 - 2　常用的损失函数

名称	公式	说明
L1 loss	$V(f(x),y) = \lvert y - f(x) \rvert$	最基本的损失函数之一，回归损失
L2 loss	$V(f(x),y) = (y - f(x))^2$	用于回归损失

续表

名称	公式	说明
Smooth L1 loss	$\text{smooth}_{L1}(x) = \begin{cases} 0.5x^2 & \|x\| < 1 \\ \|x\| - 0.5 & \text{其他} \end{cases}$	
Hinge loss	$V(f(x), y) = \max(1 - y \cdot f(x), 0)$ 或 $V(f(x), y) = \max(1 - y \cdot f(x), 0)^2$	用于 SVM 和 maximum - margin，用于分类损失
交叉熵	$V(f(x), y) =$ $-\sum_i y^i \ln f(x^i) + (1 - y^i)\ln(1 - f(x^i))$	CNN 分类使用，来源于最大似然估计，而形式与交叉熵一致
Softmax -交叉熵	$V(f(x), y)_{y = y_i} = -\ln\left(\dfrac{\mathrm{e}^{f_{y_i}}}{\sum\limits_j \mathrm{e}^{f_j}}\right)$	上式是二分类基本的交叉熵形式，该式是最常用的基于 Softmax 的多分类用的形式

图像分类和语义分割任务都使用交叉熵的形式作为损失函数，回归问题则使用 L1、L2 及其演化形式。此外，对于一些多网络联合训练的算法，往往使用多个损失函数相加。例如，在目标识别的 Faster R - CNN 中，RPN 网络要进行是否为目标的分类和边框坐标回归，Fast R - CNN 网络要进行种类分类和边框坐标回归。因此，其联合损失函数为

$$L(\{p_i\}, \{t_i\}) = \frac{1}{N_{cls}} \sum_i L_{cls}(p_i, p_i^*) + \lambda \frac{1}{N_{reg}} \sum_i p_i^* L_{reg}(t_i, t_i^*)$$

$$(4 - 1)$$

式中　p_i——标签判别概率；

　　　t_i——位置信息；

　　　L_{cls}——分类损失；

　　　L_{reg}——回归损失，回归损失是由 Smooth L1 函数定义的。

再如，Mask R - CNN 采用了分类、回归和分割三种损失函数的叠加形式。

（2）附加损失函数（惩罚项）

在基础的损失函数上需通过增加惩罚项进行约束。常见的是正

则化项，如 L1 正则化和 L2 正则化：

$$\frac{\lambda}{m} \sum_i \| w^i \|_1 \qquad\qquad (4-2)$$

$$\frac{\lambda}{2m} \sum_i \| w^i \|_2^2 \qquad\qquad (4-3)$$

增加正则化项的作用是消除过拟合问题。在设计神经网络结构时，需要考虑数据集的特点，对损失函数增加特定的惩罚项。举例来说，U - Net 中考虑边界识别不精细的问题，用生物细胞图像上每个像素点距离其最近细胞和次近细胞的最小距离之和构成一个权重图，将该权重图整合到损失函数中。对于图像的目标边界，其惩罚项权重较大，此时损失函数会增大对边界误差的响应程度，在训练过程中，网络会重点关注目标的边界信息，因此提升了语义分割的准确性。综上所述，需根据遥感图像解译任务特点，结合网络结构和数据情况，优化设计损失函数。

4.5.4　后处理

在多次更新（epoch）和参数调优之后，神经网络在测试集上获得初步符合要求的结果，此时可以根据任务的精度要求增加后处理环节。例如，全连接的条件随机场（Conditional Random Field，CRF）方法可以用于语义分割任务中，进而优化获取目标的边界信息。又如，对于道路提取任务，在使用常规的语义分割网络之后，通过对道路的骨架提取、路面宽度估计等处理，实现对被遮挡道路的补全，能够增加道路提取结果的精确度和合理性。

4.6　模型训练

在完成数据集预处理、神经网络构建和损失函数优化设计后，将开展深度神经网络的训练工作。训练的过程分为前向传播（或称前馈）和反向传播（学习）两个阶段。

4.6.1　梯度下降

经过前向传播后，可以得到输入图像的初步预测值，利用该预测值与真值可以计算出当前训练阶段的损失函数值。网络将根据损失值的大小进行网络参数调整，即采用梯度下降（Gradient Descent，GD）的方式，得到一组使得损失函数趋于最小的网络参数组合。

对于神经网络中的任意一个参数 θ，如网络权重（weight）或者偏置系数（bias）。损失函数可以表示为 $L(\theta)$，此时损失函数梯度的方向就是 $\dfrac{\mathrm{d}L(\theta)}{\mathrm{d}\theta}$，令

$$\theta' = \theta - \eta\,\frac{\mathrm{d}L(\theta)}{\mathrm{d}\theta} \qquad (4-4)$$

上式表征了参数的更新方式，参数变化的程度由学习率 η 决定。此外，若 θ 是一个参数向量，如网络某层中所有权值组成的向量，同样可以使用梯度下降方法以向量的形式对参数进行优化。

4.6.2　反向传播

实际上，求取一个网络中所有参数 θ 的损失函数导数的计算量过于庞大，而且对于含有多个隐藏层的神经网络，并不能显式表示出以隐藏层参数作为变量的损失函数误差，需要先将误差反向传播至该隐藏层，再采用梯度下降的方式加以求解。因此，提出了反向传播算法，用于神经网络的参数更新。这里计算隐藏层的误差实际上是求导链式法则的应用。

假设一个 l 层的神经网络，第 l 层有 i 个神经元，w_{ij} 表示第 $l-1$ 层第 j 个神经元到第 l 层第 i 个神经元的参数，第 l 层第 i 个神经元输入为 z_i^l，输出为 a_i^l。对于某一层的损失函数 L^r，计算其对于某参数的梯度

$$\frac{\partial L^r}{\partial w_{ij}^l} = \frac{\partial z_i^l}{\partial w_{ij}^l}\frac{\partial L^r}{\partial z_i^l} \qquad (4-5)$$

因为

$$z_i^l = \sum_j w_{ij}^l a_j^{l-1} + b_i^l \qquad (4-6)$$

故有

$$\frac{\partial z_i^l}{\partial w_{ij}^l} = a_j^{l-1} \qquad (4-7)$$

设

$$\delta_i^l = \frac{\partial L^r}{\partial z_i^l} \qquad (4-8)$$

则有

$$\delta^l = \frac{\partial L^r}{\partial z^l} = \frac{\partial L^r}{\partial y^r} \frac{\partial y^r}{\partial z^l} \qquad (4-9)$$

其中

$$\frac{\partial L^r}{\partial y^r} = y^r - y \qquad (4-10)$$

$$\frac{\partial y^r}{\partial z^l} = \sigma'(z^l) = y^r(1-y^r) \qquad (4-11)$$

这样可以求得

$$\frac{\partial L^r}{\partial w_{ij}^l} = \sigma'(z^l) \, \nabla L^r(y^r) \qquad (4-12)$$

其中又有

$$\delta^l = \frac{\partial L^r}{\partial z_i^l} = \frac{\partial a_i^l}{\partial z_i^l} \frac{\sum \partial z_k^{l+1}}{\partial a_i^l} \delta_k^{l+1} \qquad (4-13)$$

$$\delta^{l-1} = \delta^l \cdot \sigma'(z^{l-1}) \, (\boldsymbol{W}^l)^{\mathrm{T}} \qquad (4-14)$$

通过反向传播算法，可以对整个网络所有的参数逐层运行梯度下降，从而更新全部的参数，使损失函数值逐步下降至全局最小值。

4.7　模型优化

4.7.1　超参数优化

常见的超参数见表 4-3。

表 4-3　神经网络的超参数

名称	缩写	含义
学习率(Learning Rate)	α 或 lr	梯度下降过程中,参数更新时乘以的权重
学习率衰减策略		学习率随训练逐步衰减的机制
模型层数	Layers	网络的神经层数
隐藏层神经元数量	HiddenUnit	在 CNN 中相当于卷积核的数量
训练批次大小	BatchSize	每次输入多少图像数据进行一次训练
训练重复次数	Epoch	全部数据共训练多少轮
训练优化参数	β	优化方法中用到的参数
丢包(Dropout)率		随机丢弃的神经元比例

其中,最重要的参数是学习率,其次是训练批次大小、隐藏层神经元数量、训练优化参数 β 、学习率衰减策略。

在调节的时候,有些要按照指数尺度,例如, α 一般是小于 1 的,一般先选择 0.1、0.01、0.001, β 一般取 0.9、0.99、0.999、…,也有一些按照线性尺度,如模型层数。

在 CNN 中,隐藏层神经元数量和卷积核个数有关,其往往在网络结构设计的时候就已经决定了,模型层数也是如此。

训练批次大小往往是在显存足够的前提下,尽量取大,这样能够一次获得多张图的平均损失,损失函数下降更加平滑。

训练重复次数往往根据实际需求和任务时间决定。其计算公式为

$$Item = \frac{epoch * data\_num}{batch\_size} \tag{4-15}$$

式中　$Item$——总的训练步长,在输入图像尺寸一致时,它和训练总时间成正比。

Dropout 是指在深度学习网络训练的过程中,按照一定的比例随机丢弃一些神经网络单元。因为是随机丢弃,故每次训练丢弃的

都不一样。而在前向预测的过程中则不丢弃。Dropout 的作用是防止过拟合，其防止过拟合的原因可参考以下几种思路：第一，Dropout 相当于在训练的过程中没有用上网络全部的非线性，而训练过程使得这样的残缺网络的性能不断提升，在前向预测中，使用完整的网络自然会使泛化能力更强。第二，Dropout 相当于对于每个残缺网络的数据增强，因为随机的每一次训练都让同一网络用不同数据进行训练。丢包率参考值：0.5。用 Dropout 时需要注意：适用大型网络；耗时变长；学习率要大一些；建议用 Momentum。

学习率衰减策略是学习率逐步衰减的机制。因为学习率在训练中起着至关重要的作用，学习率太大会导致不收敛，学习率太小则收敛速度太慢，但是在前期需要较大的学习率使其快速收敛得到一个较小的损失函数值，后期则需要较小的学习率使其损失函数逐步慢慢减小。因此，学习率在设定时往往不是一个固定值而是一个随着训练逐步衰减的机制。

训练优化方法是指在训练过程中，基于常规的梯度下降方法提出的优化方法。使用这些方法是因为其借助了指数加权平均的思想，能够让梯度下降过程更快地收敛到全局最小值，一定程度避免停留在局部最小值或鞍点。最为经典的优化方法是 Momentum、RMSProp、Adam。

RMSProp 是 Adagrad 的改进。Adagrad 是每个学习率都受到当前梯度的影响，而 RMSProp 增加了一个衰减系数来控制历史梯度的获取量。

4.7.2　网络结构优化

对于网络结构的优化，有一些常规的、通用的机制，此外还有一些特殊的优化方法，主要依据数据集特点（如目标尺度、目标形状）来拟定。

（1）批归一化（Batch Normalization，BN）

批归一化是指对于激活层之前的结果进行归一化，来起到优化训练的作用。假设每个批次有 m 个图像，$a_i = \sigma(z_i)$ ，其中 $\sigma(\cdot)$ 是激活函数，则令

$$\mu = \frac{1}{m}\sum_{i=1}^{m} z_i \qquad (4-16)$$

$$\sigma^2 = \frac{1}{m}\sum_{i=1}^{m}(z_i - \mu)^2 \qquad (4-17)$$

$$z_{i,norm} = \frac{z_i - \mu}{\sqrt{\sigma^2 + \varepsilon}} \qquad (4-18)$$

$$\tilde{z}_i = \gamma z_{i,norm} + \beta \qquad (4-19)$$

此时，让这层的结果 $\tilde{z} \sim N(\mu, \sigma^2)$ ，这样让数据分布趋于同一个分布，对于梯度下降更容易进行。此外，它会让网络各层之间独立性增强，相互影响变小，有利于增强网络的健壮性。注：γ，β 都是参数，可以在反向传播中被优化，此外用了批归一化之后 biases 将不再起作用，可以直接舍去。

（2）应用多种卷积形式

①空洞卷积（Dilated Convolution）

空洞卷积在语义分割任务 DeepLab 系列中得到充分的应用，其原理是在原来的卷积核中间插入 0 值，比如同样的 3×3 卷积，原本只能够捕捉 3×3 范围内的像素，若在卷积核中每两个像素点之间插入 1 像素的间隔（卷积核上对应的权重为 0），则可捕捉 5×5 范围内的信息，而计算量不变，如图 4-26 所示。

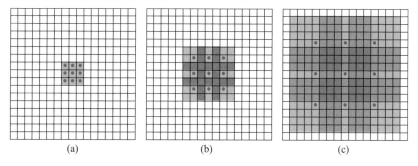

图 4-26　空洞卷积示意图

该种卷积方式也存在弊端：卷积核不连续导致图像信息连续性被破坏，对于像素级的语义分割任务有较大影响。空洞率太大的时候可能会降低小尺度目标的检测精度。对于这些问题，一种称之为HDC的空洞卷积策略被提出，设计空洞率不能有大于 1 的公约数，且提出了特殊的设计方法，如图 4 - 27 所示，设计多种空洞率的卷积来循环应用。

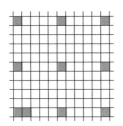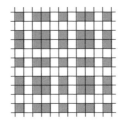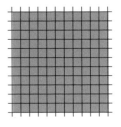

图 4 - 27　HDC 空洞卷积示意图

后续又提出了 Atrous Spatial Pyramid Pooling（ASPP），应用在DeepLab 系列，其在分割网络的解码器（Decoder）中用不同空洞率的卷积核去卷积不同尺度的图像信息，每个尺度作为一个独立分支，最后再合并，这样避免在编码器（Encoder）上信息的冗余。

②深度可分离卷积（DepthWise Convolution，DW）

深度可分离卷积是将标准卷积分解成深度卷积和逐点卷积，可以大幅减少参数量和计算量，假设某层输入尺寸为 $(M，M，D)$，如果是标准卷积，那么用 N 个 $(3，3，D)$ 的卷积核的卷积结果为 $(M'，M'，N)$。深度可分离卷积就将这一步分为了 D 个 $(3，3，1)$ 卷积（深度卷积）和 N 个 $(1，1，D)$ 卷积（逐点卷积）。先深度卷积得到 $(M'，M'，D)$，再逐点卷积得到 $(M'，M'，N)$。

③可变卷积（Deformable Convolution）

传统的卷积核一般都是矩形，而这样的标准结构难以适应图像目标的几何变形。事实上，可以通过一个并行的卷积层来学习其偏移量，该卷积层的参数也可以通过梯度下降进行更新。加上偏移量之后可变卷积的卷积核可以根据当前的图像内容进行动态调整，对

于不同的图像有不同的调整，从而适应不同物体的形状。如图 4 - 28
所示。其适用于目标有一定几何形变的任务，只增加较少的计算量
就能够较高地提升模型性能。

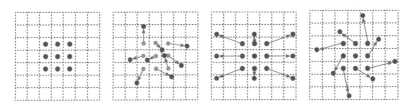

图 4 - 28　可变卷积示意图

（3）层间合并

层间合并已经广泛应用于目标检测和语义分割算法中。其应用
原则是：在卷积神经网络中，低层的特征矩阵利于捕捉到图像细节
特征，而高层的特征矩阵利于提取目标的语义信息。因此，层之间
的合并是常用手段。

例如，U - Net 使用跳层连接（skip - conn）实现了编解码阶段
的跨层结合，提升了语义分割结果中的边界信息的准确性。再如，
SSD 在不同卷积层都引出特征矩阵进行候选区域提取，使得同一目
标不同卷积程度下都被判别，综合考量判别结果可以得到更精准的
目标。DenseNet 则是最大程度地使用了层间合并机制。

4.8　模型评估

模型评估是在训练结束之后进行的检测模型性能的步骤，对于
典型的深度学习任务，这里列举出通用的模型评估指标。

（1）查准率（Precision）和召回率（Recall）

假设二分类任务，0 为负样本，1 为正样本，预测值为正/负样
本用 P/N 表示，真值为正 / 负样本用 T/F 表示，则查准率和召回率
的计算公式为

$$\text{Precision} = \frac{TP}{TP + FP} \qquad (4-20)$$

$$\text{Recall} = \frac{TP}{TP + TN} \qquad (4-21)$$

在目标检测任务中，查准率反映误检（虚警）情况。召回率反映漏检情况。

（2）正确率（Accuracy）

正确率是指正确判别的概率与总的正反例的比值。

$$\text{Accuracy} = \frac{TP + FN}{TP + TN + FP + FN} \qquad (4-22)$$

在某些情况下正确率不能充分反映训练精度。例如，对于城市中某类建筑的分类，若该建筑占整个城市图像的比例极低，则在训练不充分的情况下，模型可能会全部判别为非建筑，但此时正确率也会很高。因此，这种情况下查准率和召回率是更客观的衡量方式。

（3）平均精度（Average Precision，AP）

查准率和召回率是一对成反比的衡量指标，一般分类任务都会有一个判别阈值，随着判别阈值的变化，查准率提高，同时召回率降低；或者召回率提高，同时查准率降低，不同阈值下的查准率和召回率绘制成的曲线称为 PRC，如图 4-29 所示。PRC 曲线下方的面积称为 mAP，范围是 0～1，越接近 1 表示模型性能越好。

（4）F_1 Score

F_1 Score 也是综合衡量查准率和召回率的指标，其公式为

$$F_1 = \frac{2PR}{P + R} \qquad (4-23)$$

式中　P——查准率；

　　　R——召回率。

（5）交并比（Intersection over Union，IOU）

目标检测和语义分割任务中常用的衡量指标是 IOU，即预测框与标注框的交集与并集之比，数值越大表示该检测器的性能越好。

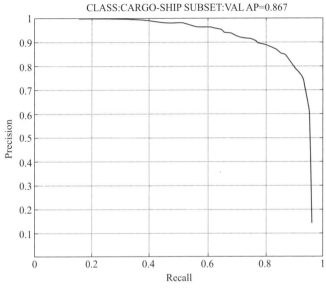

图 4 - 29　PRC 曲线

测试集的平均交并比称为 mIOU，在目标检测和语义分割任务中是最为常用的衡量指标。

（6）ROC 和 AUC

ROC 和 AUC 也是分类问题常见的评价指标，ROC 的全称是"受试者工作特征"（Receiver Operating Characteristic），ROC 曲线以"真正例率"（TPR）为 Y 轴，以"假正例率"（FPR）为 X 轴，TPR 就是查全率 Recall，而 FPR 的含义是所有确实为"假"的样本中，被误判为真的样本。AUC 为 ROC 曲线左下方的面积，范围为 0~1，越大表示模型性能越好。

第 5 章　地物分类遥感应用

5.1　地物分类任务

遥感图像的地物分类任务是基于多光谱、高光谱或 SAR 图像，并通过构建相应数学模型进行图像解析来区分地物类别的工作。遥感图像的地物分类是遥感数据应用的一个重要方向。当前，遥感数据不断被应用于矿产勘探、精准农业、城市规划、林业测量、军事目标识别和灾害评估等方面，因此，对地物分类任务的精度和效率要求越来越高。

在地物分类技术的发展初期，通常使用非参数分类方法，如最大似然法、最小距离法、k-均值聚类法等，并根据遥感图像的光谱、纹理等特征，利用统计模式识别方法实现图像的解译。但是，针对高分辨率遥感图像，传统的非参数分类方法难以满足分类精度要求，于是基于智能化方法的非参数分类方法得到了广泛发展，如人工神经网络、支持向量机、遗传算法、面向对象、深度学习等。其中，深度学习对复杂问题具有强大的拟合能力，具有对图像特征的识别和提取能力，使其在计算机视觉领域取得了巨大的成功，得到了遥感图像地物分类领域的普遍关注和广泛应用。

Hinton 等人提出的反向传播算法能够解决神经网络如何"学习"的问题。作为一种介于非参数模型和参数模型之间的结构，神经网络可以灵活应用于分布复杂的训练数据的场景中。然而，随着遥感技术和计算机技术的发展，传统的神经网络方法已经不能满足高分辨率遥感图像地物分类需求。深度学习技术，特别是卷积神经网络（CNN）的提出，给遥感图像地物分类任务提供了一种可行的解决方案。基于 CNN 的语义分割方法可以实现图像的像素级分类，因此，将语义分割方法应用于遥感图像地物分类任务具有一定的优势。常用的语义分割 CNN 有 FCN、U - Net 和 DeepLab 等。

目前，基于 CNN 的遥感图像地物分类方法还不是很成熟，深度卷积神经网络仍有很大的进步空间。例如，训练高光谱图像时产生的 Hudge 现象、数据量不充分时的过拟合现象，以及对 SAR 图像的分类等都是对基于 CNN 的地物分类方法的巨大挑战。在实际应用时，需要对不同的分类任务进行网络结构的优化设计，从而更加契合任务需求，取得更好的地物分类效果。

5.2　全卷积网络和语义分割

卷积神经网络在图像分类任务中已经取得了较为明显的优势。然而，图像级别的分类方法并不能满足所有应用场景，某些场景下需要得到图像像素级别的分类结果，即语义分割（Semantic Segmentation）。这就要求卷积神经网络别在像素级别上实现分类任务，因此，针对语义分割问题，UC Berkeley 的 Jonathan Long 等人提出了全卷积网络（Fully Convolutional Networks，FCN）。该网络试图从抽象的特征中恢复出每个像素所属的类别，即从图像级别的分类进一步延伸到像素级别的分类。全卷积网络和其他卷积神经网络结构基本相似，只是对分类任务使用到的卷积神经网络中的全连接层做了改动，以适应对输入图像进行语义分割的目的，所以全卷积网络本质上还是属于卷积神经网络的范畴。

卷积神经网络包含若干个全连接层，它们以卷积层产生的特征图映射成一个固定长度的特征向量为输入，以便得到最终的类别概率，如图 5 - 1（a）所示。全卷积网络则将这若干个全连接层全部替换为卷积层，卷积核的大小（通道数，宽，高）分别为（4 096，1，1）、（4 096，1，1）、（1 000，1，1），故称为全卷积网络，如图 5 - 1（b）所示。可以推断，经过多次卷积和池化运算以后，得到的特征图分辨率越来越低，为了从低分辨率的特征图恢复到输入图像的分辨率，需要对特征图进行上采样，FCN 中采用反卷积操作（deconvolution）实现上采样的过程。反卷积的过程如图 5 - 2 所示，图中蓝色 2×2 的矩形为输入特征图，灰色 3×3 的矩形为卷积核，绿色 4×4 的矩阵为反卷积结果，可见，通过反卷积操作，可以实现特征图的上采样。

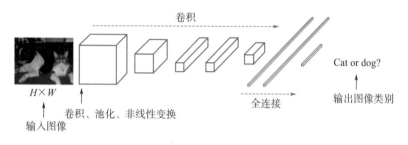

(a) 基于CNN的图像分类

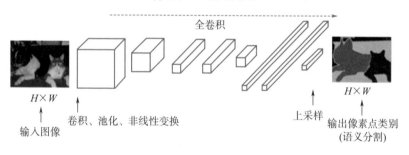

(b) 基于FCN的图像语义分割

图 5 - 1　基于 CNN 的分类网络和全卷积网络

　　事实上，反卷积就是卷积采样的逆向过程。通过反卷积操作能够还原出卷积之前输入图像的原始尺寸，这对于像素级的分类和实现某类特定目标的分割十分关键。在 FCN 中，部分反卷积操作被设置为双线性插值，在网络中间的反卷积层先通过插值核进行初始化，进而随着网络优化过程更新反卷积核的权重。通过不断地优化网络权重，最终 FCN 将具备较为准确的语义分割能力。

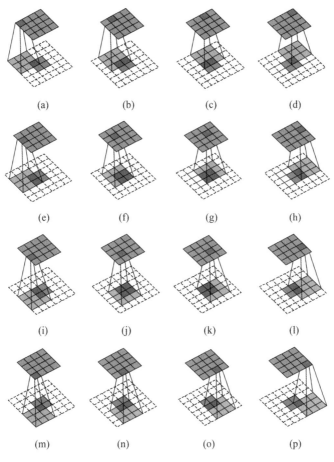

图 5 - 2　反卷积过程示意图

5.3　基于 U – Net 的遥感图像地物分类

5.3.1　U – Net 原理

（1）U – Net 机制

U – Net 网络是一种典型的编码—解码结构，如图 5 – 3 所示。它由提取上下文语义信息的编码网络和目标定位的解码网络构成。

U-Net 具备高层特征信息与低层特征信息的结合与传递能力。在卷积提取特征的基础上，U-Net 引入了跳跃连接与反卷积机制，既保持了常规卷积神经网络对深层特征的捕获能力，又可以将每一层的特征矩阵导入上采样过程（解码网络）中，从而恢复特征矩阵的全分辨率，以便进行目标的边界提取。

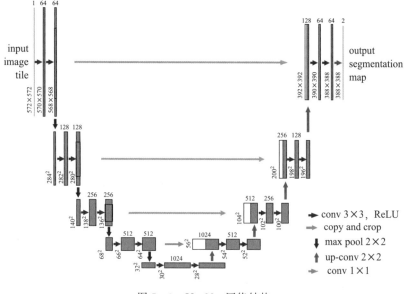

图 5-3　U-Net 网络结构

　　在 U-Net 结构中，从输入图像开始到输出语义掩膜为止，整个过程总共包含 23 个卷积操作。在解码网络中，特征矩阵同样拥有很多层上采样通道，这就使得网络可以将压缩后的语义信息恢复到全分辨率。U-Net 网络没有设置全连接层，只是通过 Softmax 函数得到特征概率图，从而获得与输入图像尺度相同的语义掩膜。

　　（2）U-Net 数据处理方式

　　U-Net 网络所采用的数据增广方式是针对小数据样本和不规则物体的语义分割任务而提出的，采用弹性形变的方式对训练数据进行数据增广，使得网络能够学到这些变化中的不变性特征，这样的数据增广方式非常适用于一些任务，比如提取遥感图像中的水体、道路信息。除了弹性增广方式以外，U-Net 还使用了边缘镜像对图像进行扩展。

（3）U-Net 损失函数

U-Net 损失函数是针对图像中相邻物体边界区分度较低的情况而设定的。将图像中两物体边界进行权值标定，对距离物体边界较近的像素赋予大权值，距离边界较远的像素则赋予小权值。当进行训练时，假设在物体的边界处出现了明显的预测错误，此时损失函数值会明显增大，进而促使网络对相应的参数进行调整，直至边界处识别准确率达到一定的精度。其损失函数为

$$E = \sum_{x \in \Omega} w(x) \log(p_{l(x)}(x)) \tag{5-1}$$

在交叉熵损失函数中引入了权重项 $w(x)$，这使得边界附近的像素点被更加关注，促使训练过程对权重较大的像素（即物体的边界）进行更加仔细的"学习"。权重函数如下式所示

$$w(x) = w_c(x) + w_0 \cdot \exp\left\{-\frac{[d_1(x) + d_2(x)]^2}{2\sigma^2}\right\} \tag{5-2}$$

式中　　$w_c(x)$——预设参数，用于平衡图像中目标类别频率不均的问题；

　　　　$d_1(x)$——该像素点离最近的边缘的距离；

　　　　$d_2(x)$——该像素点离次近的边缘的距离；

　　　　σ, w_0——超参数，根据不同任务设定不同的值。

5.3.2　U-Net 处理实例

任务：道路提取实验。

数据：高分二号卫星图像（城市区域）。

处理方案及流程：

在本任务中，首先需对输入图像进行规则网格切割，再进行数据增广、网络训练、网络预测和精度评估等操作。任务流程如图 5-4 所示。

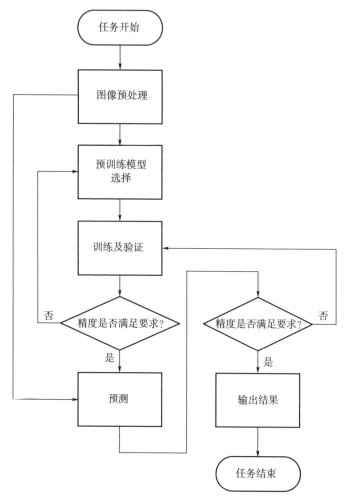

图 5-4　道路提取（语义分割）任务流程

在数据预处理阶段，将输入图像按照 512×512 的规则网格进行切割。将切割后的图像集合以 8：2 的比例分为训练集和测试集两部分。对训练集进行高斯模糊、图像色阶调整、对称翻转等增广处理，获取更多的样本数据。训练样本如图 5-5 所示。

图 5 - 5　训练样本

将训练集导入 U - Net 网络结构，设置学习率和动量参数等超参数。训练过程中参数设置见表 5 - 1。

表 5 - 1　U - Net 网络参数

梯度下降方式	随机梯度下降
Batch size	1
动量	0.99
学习率	0.001
迭代次数	80 000
参数衰减	0.9

在训练结束之后，利用已经训练好的网络进行结果的预测，实现遥感图像中道路信息的提取，其结果如图 5 - 6 所示。

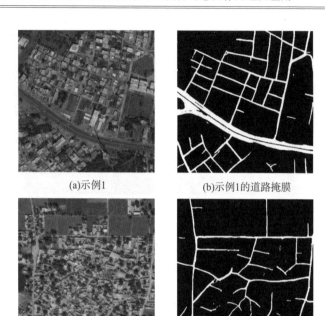

(a)示例1　　　　　　　　　(b)示例1的道路掩膜

(c)示例2　　　　　　　　　(d)示例2的道路掩膜

图 5 - 6　基于 U - Net 的测试结果

5.4　基于 DeepLab 的遥感图像地物分类

5.4.1　DeepLab - v3 原理

DeepLab - v3 模型是基于 ResNet 提出的一种网络框架，它将 ResNet 模型的最后一个模块（ResBlock）进行重复连接，以实现一个基于密集卷积神经网络的特征提取器。此外，为了解决深度 CNN 网络对于图像语义分割任务的缺陷，DeepLab 模型提出了两个改进方法：1）空洞卷积：利用空洞卷积替代最大池化层，可以保证图像空间信息损失减少，使得卷积网络以移除下采样和对应的上采样的滤波器的方式进行密集特征提取。2）采用空洞空间金字塔池化（ASPP）方式以流式或者平行的结构在多个尺度上获取物体特征。

（1）空洞卷积

常规的深度 CNN 网络因为重复地进行最大池化层的连接导致特征矩阵被大幅度压缩，而空洞卷积可以有效地避免分辨率下降导致边界无法区分的问题。在考虑二维图像时，针对每一个像素 i，输入的特征图 x 的空洞卷积公式为

$$y[i] = \sum_k x[i + r \cdot k] w[k] \qquad (5-3)$$

式中　$w[\cdot]$ ——卷积核；

　　r ——对输入信号的采样步长（或称采样率）。

对特征图 x 进行空洞卷积时，卷积核沿着行、列方向进行扩展，并在卷积核的两个相邻元素之间补充 $r-1$ 个零元素。因此空洞卷积能通过改变采样率进而改变卷积核的感受野范围（标准的卷积过程是采样率为 1 时的空洞卷积）。其具体过程如图 5-7 所示。

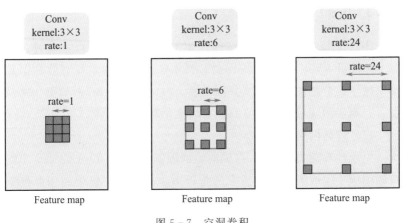

图 5-7　空洞卷积

（2）空洞空间金字塔池化（ASPP）

空洞空间金字塔池化即以不同的采样率应用于高层特征图。实验证明，采用空洞空间金字塔池化方式有助于提高随机区域尺度分类的准确率和效率。DeepLab 进一步改进了 ASPP。随着采样率变

大，有效的卷积核数量（对应于有效的特征区域）变得更小，导致卷积核无法捕获整个图像的内容。

为了克服这样的问题以及将全局语义信息融合到特征图中，DeepLab 在模型最后一层特征图中应用了全局平均池化，将池化结果与 256 个 1×1 的卷积核进行计算，之后通过线性上采样方式将特征图恢复到预想的空间维度。其实现过程如图 5 - 8 所示。

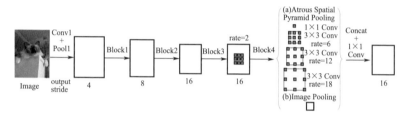

图 5 - 8　DeepLab 结构

5.4.2　DeepLab - v3＋原理

相较于 DeepLab - v3 的结构，v3＋的结构进行了以下改进：1）将 DeepLab - v3 作为一个编码层，再添加了一个简单却有效的解码层以便于沿着物体边界恢复分割结果。2）借鉴 Xception 模型，将深度可分离卷积应用于空洞空间金字塔池化和解码网络。

（1）解码网络

由于计算能力和 GPU 存储能力的限制，使得 DeepLab - v3 不能对原图像 1/4 或者 1/8 分辨率的特征图进行提取。想要利用此模型进行更密集的输出特征提取就需要更强的计算能力。因此，在 DeepLab - v3 的结构中，通常以输出步长（output stride）为 16 对特征进行编码，同时使用线性上采样 16 倍恢复图像分辨率，这通常被认为是一种初级的方法，但是这可能并不能完美地恢复物体边界分割信息。因此向 DeepLab - v3 中引入了编码－解码结构以解决相应的问题。

编码－解码网络能够在编码网络中快速地进行卷积操作（因为

没有空洞卷积）以及在解码网络中得到更加精确的目标边界。为了能够集合多个网络的优点，v3＋在编码网络中进行了多尺度语义信息的融合。编码网络采用 DeepLab － v3 的典型结构，在编码过程中将丰富的语义信息通过空洞卷积进行融合输出，在解码过程中，将目标边界细节信息恢复。其结构如图 5 － 9 所示。

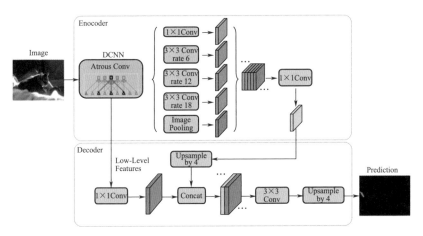

图 5 - 9　带有空洞卷积的编码－解码网络

在解码网络中，对于编码网络得到的特征图首先进行 4 倍线性上采样操作，将特征图大小恢复到输入图像的 1/4。接着，在编码网络的输出步长为 4 时，将特征图引入解码网络，利用 1×1 卷积核减少特征图通道，与相应解码网络特征图进行叠加。然后，利用 3×3 卷积核进行通道压缩，再进行 4 倍线性上采样，恢复至输入图像的分辨率，最后采用 1×1 卷积核来继续减少通道数。

（2）深度可分离卷积

深度可分离卷积的作用是将一个标准卷积分为一个 depthwise 卷积（即对输入的每一个通道利用对立的卷积核进行卷积）和一个 pointwise 卷积（即 1×1 卷积核），很大程度减小了计算复杂度。其中，depthwise 卷积能够为输入特征图的每个通道进行独立计算。而 pointwise 可以将 depthwise 卷积的输出值进行连接。因此在

DeepLab‐v3＋的网络中，借鉴 Xception 改进的方式，将 depthwise 添加到编码空洞卷积和解码网络中，以减少网络的计算量，其改进点包含以下几点：

1）将 ResNet 基础网络替换为 Xception 基础网络。

2）更深的卷积层，但为了快速计算和有效存储并不改进输入模块。

3）用带有步长的 depthwise 卷积替换所有最大池化层。

4）在每一次 3×3 的 depthwise 卷积后附加 Batch Normalization 操作和激活函数。

其实现结构如图 5‐10 所示。

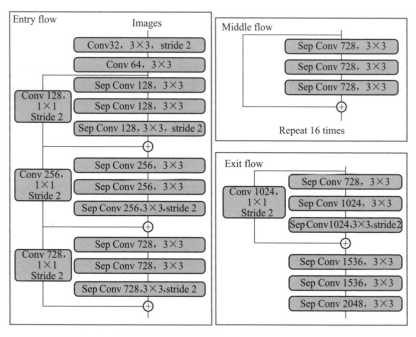

图 5‐10　Xception 改进方式

5.4.3　DeepLab‐v3＋处理实例

任务：某机场周边高程建筑提取。

基本网络结构选择：ResNet‐101。

数据：高分辨率遥感图像（38 133×32 538 像素），如图 5‐11 所示。

 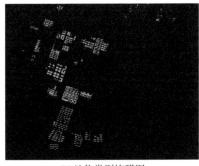

(a) 遥感图像　　　　　　　　　　(b) 地物类别掩膜图

图 5‐11　待解译的遥感图像（局部）及类别（建筑物）标注

在本任务中，实验数据为高分二号卫星获取的一景大小为 38 133×3 253 像素的图像。首先，需对输入图像进行规则网格切割，构建具有同等尺寸的图像集合，并将该图像集合分为训练集、验证集和测试集。对训练集进行数据增广，扩充样本数量。利用训练集和验证集开展网络的迭代训练和预测。网络训练的超参数见表 5‐2。

表 5‐2　DeepLab 参数列表

梯度下降方式	随机梯度下降
Batch size	6
动量	0.9
学习率	0.000 5
学习率策略	Poly
终止学习率	0.000 000 1

续表

梯度下降方式	随机梯度下降
迭代次数	30 000
参数衰减	0.000 5

　　利用测试集对已经训练好的网络进行性能测试，采用 mIOU 指标对测试结果进行评估，针对本测试集 mIOU 为 0.686 9，预测结果如图 5 - 12 所示。

图 5 - 12　基于 DeepLab - v3＋的遥感图像地物（建筑物）提取结果

5.5　高分数据的地物分类案例

（1）应用场景

汕头地区水域提取和漂浮物识别。

（2）数据情况

10 景高分二号遥感图像，包含全色和多光谱图像。

（3）数据处理

1）进行全色与多光谱图像的融合。

2）将融合图像标注为水域、漂浮物和背景区域三类，并按照 512×512 像素进行分块，构成训练集、验证集和测试集。

3）利用旋转、镜像翻转、改变图像的对比度等方式对标注数据进行增广。

（4）网络训练

采用 U‑net 网络作为训练模型，训练样本如图 5‑13 所示。调整网络参数并完成训练。根据标准类别的不同，分别得到水体、漂浮物和背景区域的地物分类网络。

(a) 样本1　　　　　　　　(b) 样本2　　　　　　　　(c) 样本3

图 5‑13　训练样本

（5）预测过程

1）将待预测的图像输入水体分类模型、漂浮物分类模型和背景分类模型中，得到输入图像的地物分类结果。

2）将预测结果按照图像的地理坐标和切割方式进行拼接，得到最终的水体及漂浮物识别结果。

预测结果如图 5 - 14、图 5 - 15 所示。结果中包含了水域（蓝色）、漂浮物（紫色）和背景（黑色）的分类情况。

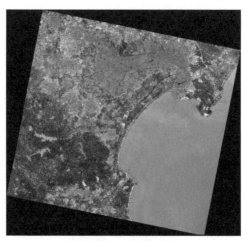

(a) 掩膜与输入图像的叠加显示

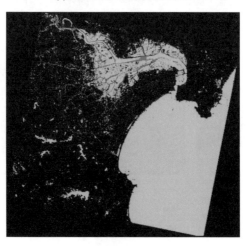

(b) 掩膜结果

图 5 - 14　单景图像的水域及漂浮物提取结果

（GF2 _ PMS1 _ E116. 6 _ N23. 1 _ 20180409 _ L1A00031119）

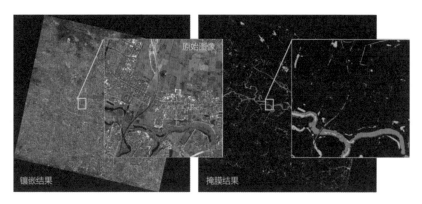

图 5 - 15　单景图像的水域及漂浮物提取结果

(GF2 _ PMS2 _ E116. 4 _ N23. 3 _ 20180101 _ L1A00028974)

图 5 - 16 是 10 景图像的水域及漂浮物提取结果，分类结果的详细信息见表 5 - 3。

(a) 掩膜与输入图像的叠加显示

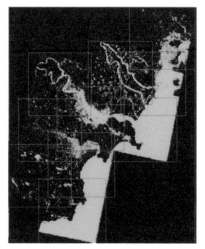

(b) 掩膜结果

图 5 - 16　10 景图像的水域及漂浮物提取结果

表 5 - 3　水域提取结果统计

编号	水体像素点数	污染物像素点数	总像素点数	水体占比/%	污染物占比/%
1	339 100 668	77 832	826 838 475	41.011 718 52	0.009 413 205
2	224 775 529	181 113	825 482 100	27.229 606 67	0.021 940 27
3	118 239 804	430 268	826 642 318	14.303 623 4	0.052 050 081
4	60 128 699	0	815 381 238	7.374 304 951	0
5	14 060 273	5 905	754 356 864	1.863 875 53	0.000 782 786
6	12 023 252	739 068	754 844 440	1.592 811 891	0.097 909 975
7	46 971 102	364 546	754 137 120	6.228 456 438	0.048 339 485
8	412 073 780	148 674	799 172 855	51.562 534 62	0.018 603 485
9	229 746 809	100 490	798 975 780	28.755 165 64	0.012 577 352
10	78 577 924	253 918	798 607 378	9.839 368 652	0.031 795 098

　　总结：本实验以高分二号卫星所拍摄的汕头地区的 10 景图像为实验数据，利用 U‐Net 网络开展迭代训练，自动化地提取了水域、漂浮物（污染物）及背景信息。实验结果显示，模型识别的水域边界与实际情况十分接近，漂浮物识别较为准确。本次实验证明 U‐Net 网络可以有效地解决基于高分数据的地物分类问题，并且具有高效率、高精度的优势。

　　实验 Python 代码见附录 B。

第 6 章 变化检测遥感应用

6.1 变化检测任务

遥感图像变化检测是提取多时相图像中变化信息的过程，其中变化信息包括某目标或现象的状态变化的定性和定量信息。遥感图像的变化检测任务流程如图 6 - 1 所示，包括图像配准、神经网络方法选择、输出变化检测结果及精度评估等环节。遥感图像配准是变化检测的前提，配准后，不同图像的相同位置的像素点对应着同一个目标。选取变化检测方法时要根据数据特征进行设计才能有效实现。经过变化检测方法的处理，可以输出变化检测结果，即变化发生的具体范围。最终，完成对变化检测结果的精度的评估，这种评估主要是像素级的评估。遥感图像的变化检测方法有着巨大的应用前景。变化检测可以用于自然灾害中地震、泥石流等灾难的损害评估。在森林植被覆盖监测、冰川融化情况监测、环境监测、农业调查、城市扩张等多个领域有着广阔的应用前景。

近年来，随着深度学习方法的快速发展，深度神经网络被证明是实现遥感图像解译任务的一种有效的工具。然而，将深度学习引入遥感图像的变化检测任务时，仍需根据实际情况对相关方法进行优化。研究人员在神经网络结构和实现方式等方面开展了大量的研究，得到了较为有效的基于深度学习的变化检测方法。

Zhang 等人结合 S - CNN 实现了变化检测。首先利用 S - CNN 对分割的图像块（patch）进行分类，确定成对的图像块之间有无变化。对有变化的图像块进行后处理，得到感兴趣的目标的变化结果。Lu 等人提出用 Referee 方法完成变化检测，即使用循环神经网络

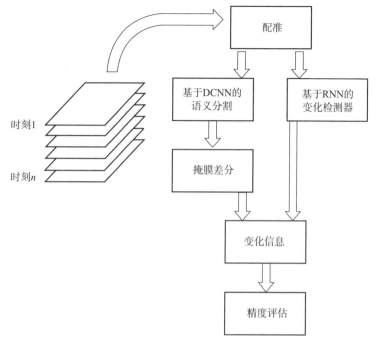

图 6 - 1　基于深度神经网络的变化检测任务流程

（RNN）实现变化检测。其主要思想是通过 RNN 网络中的长短记忆网络（Long Short - Term Memory，LSTM）学习可靠的变化原则并完成多种类变化检测的任务。需要指出的是，Referee 是第一个使用 RNN 框架学习变化原则完成遥感图像中的变化检测任务的方法。Mou 等人提出的用于变化检测的 ReCNN 结构是端到端的用于变化检测的网络结构，结合了 RNN、CNN 与分类器。其中 CNN 负责提取空间特征，RNN 负责提取时间依赖性，全连接层后的分类器用于输出最终结果（改变、未改变或是改变的类型）。此外，针对多时相遥感图像进行逐观测时刻的语义分割处理，可以获取每个观测时刻目标的范围信息，通过比对不同时刻的目标掩膜，同样能够提取目标的变化信息。

6.2　基于多时相语义分割的变化检测方法

高分辨率遥感图像中地物信息内容较为复杂，获取准确的变化范围复杂度较高，常规图像代数和特征学习的变化检测法生成变化区域的误差较大。因此，为了简化变化检测的复杂度，提高对于某个目标的关注度，可以通过语义分割获取特定目标（如耕地、房屋、森林等）的像素范围，在实现图像内容的像素级分类后，再对图像中的特定类别进行变化检测。

精确的语义分割是实现从多时相遥感图像中获取独立分类的变化对象的基础，因此分割网络的选用对于基于后分类的变化检测是至关重要的。目前，对于语义分割任务有许多性能优良的网络结构，如 DeepLab – v3 网络，通过空洞卷积级联架构可以解决多尺度下的目标语义分割问题；DeconvNet 反卷积网络通过反卷积和上池化可以获得与原输入图像分辨率相同的高精度分割结果；U – Net 网络，通过高低特征的融合，可以获取更细致的浅层语义信息。举例来说，对于特定目标为耕地的应用场景，使用 U – Net 网络进行像素级分类的具体流程如图 6 – 2 所示，图中输出结果的维度与输入图像相同，图中黑色部分表示的是类别为耕地的像素范围，白色部分为其他非感兴趣类别。

可见，基于语义分割方法可以从遥感图像中提取特定目标的像素范围，因此对于多时相的遥感图像集合，我们可以利用语义分割方法，提取特定目标的变化信息，以耕地变化检测为例，基本流程如图 6 – 3 所示。在语义分割阶段，不同时相的输入图像对应不同的分割结果，黑色区域代表"耕地"在图像中的像素范围；在变化检测阶段，对不同时相的语义分割结果进行差分处理，最终获取该特定目标的变化信息，此例中的变化信息就是耕地的范围。变化检测结果中的黑色区域表示"耕地"未发生变化，白色区域则为变化区域，在该区域内地表覆盖属性发生了根本变化。虽然基于多时相语

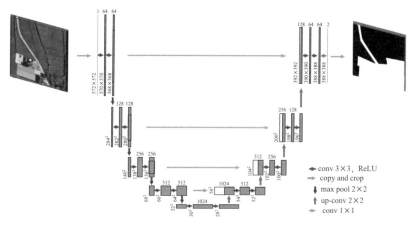

图 6 - 2　基于 U - Net 的遥感图像语义分割

义分割的变化检测方法能够实现像素级的变化信息提取，但是，由于整个任务依赖于准确的分割结果，并且没有充分使用遥感图像间特征目标的时间相关性，这使得基于语义分割的变化检测方法无论从效率还是精度上都具有一定的局限性。

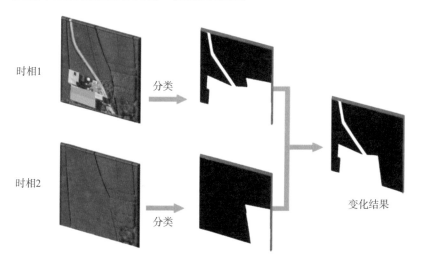

图 6 - 3　基于多时相语义分割的变化检测示意图

6.3　基于 RNN 和 CNN 的多光谱遥感图像的变化检测

循环神经网络（RNN）是用于处理时间序列数据的循环连接的神经网络，使用连续时间步长的数据调整网络参数来解决前后数据的依赖性问题。与基础的神经网络有所区别的是，RNN 不仅在层与层之间建立了权连接，并且在层之间的神经元之间也建立了权连接。也就是说，RNN 可以使用隐藏层或存储单元来学习时间序列的特征，并且其损失是随着序列进行累积的。RNN 的具体网络结构如图 6-4 所示。与卷积神经网络（CNN）结构不同，RNN 的隐藏层是循环的，它针对序列中的每一个元素都执行相同的操作，每一个操作都依赖于之前的计算结果，即隐藏层的取值不仅取决于当前的输入值，还取决于前一时刻隐藏层的值，图中 U 为网络输入，V 为网络输出，h 为隐藏层，W 为权重参数。

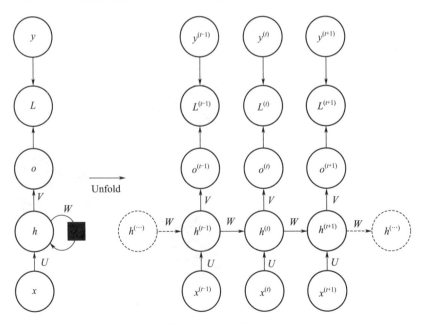

图 6-4　RNN 结构

　　利用 RNN 网络结构学习多时相遥感图像间的有效的变化规律，从而完成提取变化检测的目的。其具体流程如图 6-5 所示。变化检测网络的输入是不同时刻的像素向量，输出是变化矩阵。首先将多时相遥感图像的对应像素序列输入输入层中。所谓的对应像素对指的是不同时间相同地理位置的像素对。假设输入为两个时刻的像素对，则对应的标签为 $Y = \{(0,1),(1,0)\}$，其中 $Y = \{0,1\}$ 表明像素对未发生变化，$Y = \{1,0\}$ 表明像素对发生了变化。如果是多种类的变化检测，则可以用 One-Hot 码表示标签，由 LSTM 模型学习像素对的变化规则。RNN 网络可以通过将对应像素对作为 Encode 网络部分的输入，变化标签作为 Decode 网络部分的输出，从而完成端到端的变化检测。使用公式（6-1）可对网络参数进行调整。最后由 LibSVM 输出最终的变化检测的判断结果。

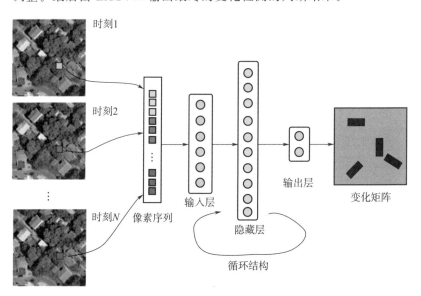

图 6-5　RNN 实现变化检测的流程

$$\theta^* = \arg\max_{\theta} \sum_i p(y_i \mid \boldsymbol{x}_i^{T_1}, \boldsymbol{x}_i^{T_2}; \theta) \qquad (6-1)$$

式中　θ——模型的参数集；

$x_i^{T_1}$，$x_i^{T_2}$——由多幅遥感图像中的像素对 X^{T_1} 与 X^{T_2} 组成的
向量；

y_i——预测的变化标签。

通过将 $x_i^{T_1}$ 与 $x_i^{T_2}$ 输入模型作为时间序列数据，RNN 自行学习调整参数得到变化结果。

该方法中 LSTM 模型需要根据多时相遥感图像进行必要的改进。作为 RNN 结构的变体，长短期记忆网络（LSTM）使用了三个"门"结构来控制不同时刻的状态和输出，即遗忘门、输入门和输出门，具体结构如图 6-6 所示。遗忘门用于对记忆单元的更新，输出门用于对记忆单元提取的差异信息进行整理，记忆单元用于对输入的时序信息进行检测并得到具有普适性的变化原则。在此基础上，在 LSTM 模型中引入了一个新连接，它将记忆单元的状态直接传递到输入、输出和遗忘门，这样可以更加有效地检测到变化的样本。

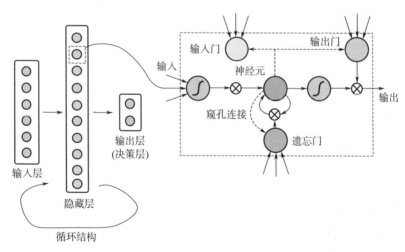

图 6-6　LSTM 结构

在以上方法的基础上，相关研究提出了一种端到端的用于变化检测的网络结构，即 ReCNN。该方法结合了 RNN、CNN 与分类器，实现方式如图 6-7 所示。其中，CNN 的输入是多时相的遥感

图像,输出是卷积层获取的关于输入图像的高层特征的特征矩阵
(图)。RNN 的输入是 CNN 提取的特征图,并进行时间建模,分析
遥感图像在时间上的依赖性。第三部分是分类问题中广泛使用的两
层全连接层,用于输出最终的类别标签(改变、未改变或是改变的
类型)。分类器一般采用 Sigmoid/Softmax 形式。事实证明,结合
RNN 与 CNN 的各自优势,能够充分学习到多时相遥感图像在时间、
空间上的特征,使时间信息、空间信息、频谱信息被充分利用。尽
管 ReCNN 是由不同种类的神经网络构成的,但是可以通过一个损
失函数进行反向传播完成端到端的训练。

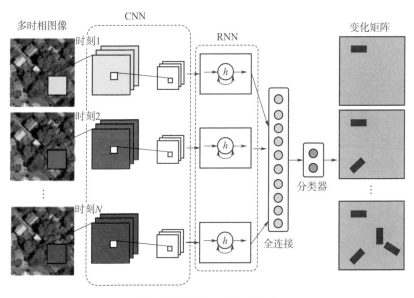

图 6 - 7　ReCNN 的实现方式

　　在实际的变化检测任务中,由于只区分有限的类别,因此无须
设计复杂的 CNN 网络结构,且输入的变化检测的数据集有限,无法
充分训练具有大量参数的深层网络,所以 VGG16、ResNet 等结构
并不完全适用于变化检测的 CNN 部分。在 ReCNN 中通常只使用没
有池化层的 CNN 结构。此外,为了扩大感受野,可以使用空洞卷积

作为卷积核进行特征提取。

RNN 部分有三种主要结构可供选择：全连接 RNN、LSTM 和 GRU。其中 LSTM 是 RNN 的一种变型，在大多数任务中优于 RNN 的表现。LSTM 通过门的控制将短期记忆与长期记忆结合，解决 RNN 在训练时出现的梯度消失的问题。GRU 是 LSTM 的变种，在处理短期记忆与长期记忆时与 LSTM 有所差别，并且计算当前时刻新信息的方法也和 LSTM 有所不同。在已公开的 ReCNN 的测试结果中，LSTM 的效果优于全连接 RNN 与 GRU 结构。

6.4　高分数据的变化检测案例

（1）应用场景

北京大兴机场周边多时相变化检测任务。

（2）数据情况

两期高分二号遥感图像（单张 7 000×7 000 像素），如图 6 - 8 所示。

（3）样本标注

在本任务中，实验数据为使用 GF - 2 获取的 7 000×7 000 像素的大兴机场遥感图像，因此首先需对获取的全色图和多光谱图像进行融合，并且进行辐射定标、自动配准以及直方图匹配。由于原始图片尺寸较大，因此需对其进行规则网格切割，构建具有同等尺寸的图像集合，并且保持输入图像间尺寸的一致性。为了获取变化检测的标注图像，对初期和后期处理后的遥感图像进行手工标注，标注情况如图 6 - 9 所示。图中白色代表了地物发生变化的区域。

（4）网络训练

本实验选取 U - Net ＋ LSTM 循环网络结构。为了合理进行实验，将规则切割后的图分为训练集、验证集和测试集。通过旋转方法对训练集进行数据增广，扩充样本数量。利用训练集和验证集开展网络的迭代训练和预测。网络训练的超参数见表 6 - 1。

(a) 初期遥感图像　　　　　　　　　　　　(b) 后期遥感图像

(c) 初期遥感图像局部样例图　　　　　　　(d) 后期遥感图像局部样例图

图 6 - 8　实验数据

(a) 全局标注情况　　　　　　　　　　　　(b) 局部标注情况

图 6 - 9　标注数据

表 6 - 1　多时相变化检测参数列表

梯度下降方式	Momentum 动量梯度下降
Batch size	3
动量	0.9
学习率	0.001
学习率策略	Poly
迭代次数	80 000
正则化方差	0.004
参数衰减	0.000 04
层间归一化动量	0.99
丢包率	0.75

（5）预测过程

利用测试集对已经训练好的网络进行性能测试，采用平均像素精度（MPA）指标对测试结果进行评估，针对本测试数据的平均像素精度为 0.853 1。变化检测结果如图 6 - 10 所示。

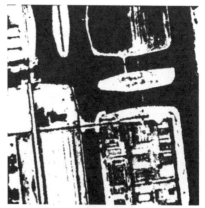

(a) 全局预测情况　　　　　　　　(b) 局部预测结果

图 6 - 10　变化检测结果

（6）总结

本实验以高分二号卫星所拍摄的北京大兴机场的 2 景图像为实验数据，利用 U - Net ＋ LSTM 网络开展迭代训练，自动化地提取图像中的变化信息。实验结果显示，该网络具备多时相遥感图像的变化检测能力，变化检测精度较高。本次实验证明，结合分类和时序网络可以有效解决高分数据的地物变化检测问题。

实验 Python 代码见附录 C。

第 7 章　目标识别遥感应用

7.1　目标识别任务

　　目标识别任务是利用图像处理与模式识别领域的理论和方法，确定图像中是否存在感兴趣的目标的过程，如果存在则为目标赋予合理的解释并确定其位置。随着深度学习的快速发展，大量的研究工作致力于完善深度学习在目标识别任务中的准确度和处理效率。在实际应用中，基于深度学习的方法需要兼顾算法效率并且保证算法精度。

　　随着高分辨率遥感数据的实用化，运用遥感技术进行快速、大范围的感兴趣目标的识别具有广阔的应用前景。在军事侦察、城市规划、调查统计、灾害应急评估等领域，可以从遥感图像中快速、准确地提取感兴趣的目标，并基于该目标信息开展相关应用。

　　由于各类物体具有不同的外观、形状、姿态，加上成像时光照条件、遮挡现象等因素的影响，目标识别一直是机器视觉领域最具有挑战性的问题。目标识别任务的特点和难点在于对目标候选区域的提取和对候选区内疑似目标的判读。

7.2　基于区域提议的目标识别方法

　　近年来，区域提议方法（Region Proposal Method）和基于区域提议的卷积神经网络（R‑CNN）的出现，使得深度学习在目标识别领域取得了较大的进展。Ross Girshick 先后提出了 R‑CNN 和 Fast R‑CNN 两种目标识别方法。其中，R‑CNN 采用选择性搜索

（Selective Search）算法来提取可能包含目标的候选区域 RoI（Regions of Interest）。每个候选区域 RoI 被引入卷积神经网络进行进一步的特征提取和分类。然而，R‑CNN 方法具有训练步骤烦琐、时间空间复杂度较高等瓶颈问题。基于 R‑CNN 的基本结构，Fast R‑CNN 提出了候选区域池化（RoI Pooling）结构，实现了网络中权值参数的共享计算，并且通过多任务损失函数将目标分类和位置回归整合到同一个神经网络中，进而避免了分步训练。但是，Fast R‑CNN 方法依然采用选择性搜索技术提取目标候选区域，该步骤计算耗时较长，严重制约了网络效率的提升。为了解决候选区提取的问题，相关研究提出了 Faster R‑CNN，该方法摒弃了选择性搜索技术，取而代之的是区域提议网络（Region Proposal Network），即 RPN。该网络显著压缩了提取目标候选区域的时间，基本实现了近实时的处理速率。在 2015 年的 COCO 检测大赛中，Faster R‑CNN 模型夺得第一名的成绩，其在 PASCAL VOC 2007 和 PASCAL VOC 2012 上的表现也十分突出。

　　综上，基于深度学习的目标识别网络及其算法可以提取目标特征并完成自动化的目标识别与定位。其中，基于区域提议的目标识别方法是最为有效的一种实现形式，典型的方法有：R‑CNN、Fast R‑CNN、Faster R‑CNN。此外，R2CNN 还能提供目标的方向信息，也是一种极具代表性的基于区域提议的目标识别方法。这类方法主要依赖于目标候选区的生成机制，使用选择性搜索算法、Bing、EdgeBoxes 等目标候选区域生成算法生成一系列可能包含目标的候选区域。在生成的目标候选区的基础上，通过深度神经网络提取候选区内的目标特征。最后，利用这些特征进行目标分类，并对目标的真实边界进行回归。

7. 2. 1　R‑CNN

　　在 R‑CNN 方法中，首先使用选择性搜索算法提取一千到两千个候选区域。接着，使用卷积神经网络提取每一个候选区的特征信息。然后，利用 SVM 分类器来学习这些特征信息，并进行目标分类。最后，通过边界回归算法重新定位目标边界框。

具体来讲，选择性搜索算法是一种基于区域机制的目标提取方法，用于提取相似度高的区域并将其合并。区域的相似度需根据颜色、纹理、区域大小和区域重合程度 4 个参数进行计算。选择性搜索算法对于目标候选区的提取具有很大贡献。这是因为在过往的目标识别算法中，通常采用滑动窗口进行候选区提取，往往导致在一幅图像中有高达百万个候选区域。而在 R - CNN 中，选择性的搜索方法可以将候选区域的数量限制在 1 000～2 000 个之间。

在提取目标特征时，R - CNN 采用了 AlexNet 网络。该网络包括 8 个带权层：前五层是卷积层，后三层是全连接层。最后一个全连接层的输出被送到一个 1000 路的 Softmax 函数中，其产生一个覆盖 1000 类标签的分布。在对目标进行分类时，可以使用 SVM 构建二分类器，对于不同的目标识别需求，可以适当增加或者减少分类。

R - CNN 的主要优势有：

1）使用深度学习的方法来提取目标特征，提升了目标识别任务的精度；

2）采用区域提议的方式提取目标的候选区域，而不是使用滑动窗口的方式，提升了目标搜索的效率；

3）引入位置回归来进一步提高检测精度。

虽然，相对于传统的目标识别算法，R - CNN 在公开数据集上的准确率有突破性进展，如在 PASCAL VOC 的准确率从 35.1% 提升到 53.7%，但是 R - CNN 也有一定的局限性。目标候选区的重叠使得 CNN 特征提取的计算中有着很大的冗余，这在很大程度上限制了检测速度。

7.2.2　Fast R - CNN

Fast R - CNN 是在 R - CNN 的基础上发展而来的，它主要解决了 R - CNN 方法中存在的测试与训练效率低、存储开销大等问题。

Fast R - CNN 将整个图像归一化后送入深度网络，之后引入候选框信息，并且只在末尾的少数几层处理每个候选框。在训练时，先将图像输入网络，随后输入这幅图像上提取出的候选区域，无须重复计算候选区的特征。Fast R - CNN 中类别判断和位置精调都使用深度神经网络来实现，不再需要额外存储资源。Fast R - CNN 的基本流程如图 7 - 1 所示。

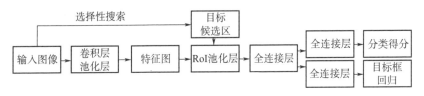

图 7 - 1　Fast R - CNN 的流程图

Fast R - CNN 的主要贡献在于提出了 RoI 池化层。RoI 池化层是目标候选区与池化层的有机结合，它的出现避免了候选区重复计算的问题。RoI 池化层将每个候选区域均匀分成若干部分，再对每个部分进行最大池化（max pooling）。这样做的目的是将特征图上尺度不一的候选区域转化为相同大小的形式，进而传递到下一层。RoI 池化的示意图如图 7 - 2 所示。

7.2.3　Faster R - CNN

Faster R - CNN 是对 Fast R - CNN 的进一步改进，它将 Fast R - CNN 中的选择性搜索替换为区域提议网络。在 Fast R - CNN 中，选择性搜索在候选区域提取时效率较低，而 Faster R - CNN 将寻找候选区域的任务也交给神经网络来实现。这个寻找候选区域的网络就是 RPN。Faster R - CNN 是一个端到端的目标识别网络。待识别的图像通过深度全卷积网络得到特征图，RPN 在该特征图上搜索包含目标的候选区域，接着利用 Fast R - CNN 对这些候选区域进行目标分类和位置框的回归。换言之，RPN 就是一个注意力机制，它可以引导 Fast R - CNN 在包含目标的区域内实现进一步处理。在

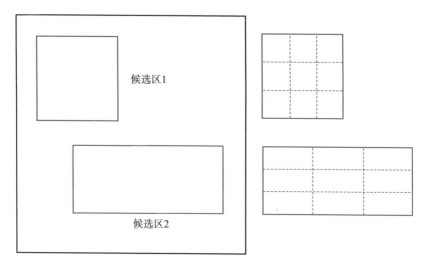

图 7 - 2 RoI 池化示意图

R - CNN 和 Fast－RCNN 算法中，区域提议方法是在 CPU 中实现的，而在 Faster R - CNN 中，RPN 可以在 GPU 上进行计算，使其成为更加高效的候选区提议方法。Faster R - CNN 方法的基本流程如图 7 - 3 所示。

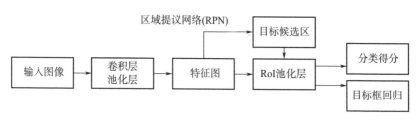

图 7 - 3 Faster R - CNN 的流程图

RPN 的输入为任意尺寸的图像，输出是包含目标的一组矩形框，以及与之相对应的目标的置信度。RPN 通过滑动一个小型网络，从而生成区域提议。小型网络的输入为 $n \times n$ 的滑动窗口，这个窗口输入为卷积特征的映射，输出为转换后的低维度特征。该小型网络由一个 $n \times n$ 卷积层和两个 1×1 卷积层构成。滑窗的输出对应为两个子全连接层，分别为边界框回归层和边界框分类层。边界框回归层输出预测的边界框的位置坐标，边界框分类层输出目标类别的预测结果。由于小型网络的处理机制为空间滑窗的方式，所以特征图的各个空间位置将共享上述两个子全连接层。

RPN 网络在输入的特征图中获取目标的提议区域。在每个滑窗的中心位置，会产生多个具有不同尺度和长宽比的锚点（anchor），锚点的数量 k 就是该位置的区域提议的数量。边界框回归层要输出边界框的长、宽以及中心坐标，因此需要输出 $4k$ 个坐标值。对于边界框分类层，需要输出 $2k$ 个分数，分别代表是前景的置信度和是背景的概率。例如，初始的 anchor 尺度分别为 [128，256，512]，长宽比分别为 [0.5，1，2]，此时，在输入的特征图上的每个像素位置处，总共可以得到 9 个初始的目标提议框，如图 7 - 4 所示。

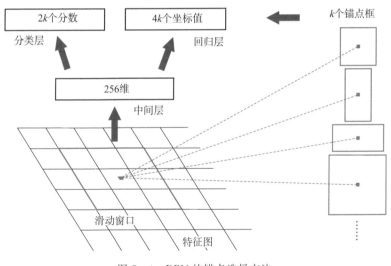

图 7 - 4   RPN 的锚点选择方法

在 RPN 的训练过程中，每个锚点会被分配一个类别标签（表征其是目标或负样本）。正样本的定义为：1）与真实边界框（Truth Box）的交并比（IOU）最高；或者 2）与真实边界框的交并比达到阈值 T 以上。其中，每个真实边界框可以映射多个定义为正样本的锚点。一般情况下，满足第二个条件的锚点即为正样本，但在一些特殊情况下可能第二种条件无法满足，所以优先采用第一种定义方式。负样本的定义为：与真实边界框的交并比低于 $(1-T)$。对于与真实边界框的交并比在 $(1-T)$ 和 T 之间的锚点则被忽略，这些锚点不会有助于训练目标函数。因此，采用非极大值抑制的方法判断 anchor 与实际目标区域之间的重叠情况，进而为每个 anchor 分配正负样本标签。例如，设置 IOU 阈值为 0.7，即保留重叠率超过 0.7 的 anchor 区域作为训练样本，如果 anchor 区域与实际目标区域的 IOU 小于 0.3，则被视为负样本。

在以上定义的基础上，期望最小化 Fast R - CNN 的分类任务以及回归任务的联合损失函数，Faster R - CNN 的目标函数如下所示

$$L(\{p_i\},\{t_i\}) = \frac{1}{N_{cls}}\sum_i L_{cls}(p_i,p_i^*) + \lambda \frac{1}{N_{reg}}\sum_i p_i^* L_{reg}(t_i,t_i^*)$$

$$(7-1)$$

式中　i ——一个小批量数据中 anchor 的索引；

　　　p_i ——作为目标的预测概率，如果 anchor 为正，p_i^* 为 1，如果 anchor 为负，p_i^* 为 0；

　　　t_i ——表示预测边界框 4 个参数化坐标的向量；

　　　t_i^* ——与正 anchor 相关的真实边界框的向量。

分类损失 L_{cls} 是两个类别（目标或不是目标）的对数损失。对于回归损失，使用 $L_{reg}(t_i,t_i^*) = R(t_i - t_i^*)$，其中 R 是鲁棒损失函数，一般采用 Smooth L1。

7.2.4　R2CNN

在目标识别任务中，Faster R - CNN 采用水平框进行目标位置回归，可以取得不错的预测效果。但是，对于目标密集的场景，例如船只排布紧密且方向不一，水平框检测机制的识别能力明显恶化。由于 Faster R - CNN 采用的 NMS（非极大值抑制）机制，当两个回归框的 IOU 超过一定阈值时，就会舍去其中一个概率较低的框，这

将导致相邻目标的预测框很有可能被剔除并造成漏检问题。回归框中也包含较多的噪声，影响预测结果的精确度。

如图 7-5 所示，水平回归框存在较大冗余，并且对于框 C，虽然该框内包含了目标，但由于与框 A 或 B 的 IOU 过大而被抑制。更极端的情况，当框 A 和 B 之间的 IOU 超过阈值时，就会导致其中一个目标漏检。为了避免这种现象发生，可采用 R2CNN 模型进行目标检测。

图 7-5　Faster R-CNN 识别结果示意图

R2CNN 是对 Faster R-CNN 结构的进一步改进，是一种预测旋转边界框的新型目标检测算法。提出该算法的最初目的是解决自然场景图像中的不同角度文本的检测问题。该方法在文本检测基准测试中表现十分优异，体现了该方法的角度检测的竞争力。文本信息在自然场景中随处可见，如车牌号、广告牌以及路标等。然而，想要准确检测自然场景中的这类文本目标却并不容易，这是因为自然场景各类文本的长宽比、尺寸、角度、样式、亮度等有着很大差异。由于上述场景文本的特点和前文中所提遥感图像中目标的特点十分相似，所以 R2CNN 同样适用于目标识别的遥感应用领域。

如上所述，在网络设计之初，R2CNN 用来检测图片中任意角度的文本，进而延伸到识别图像中各类物体的方向信息。R2CNN 沿用了 Faster R - CNN 的两阶段检测机制，即分为两部分：区域提议网络和后续的分类回归以及角度预测网络。R2CNN 检测目标的流程为：

1) 同 Faster R - CNN 一样，RPN 首先生成若干目标候选区域，候选区域表示为水平的边界框，如图 7 - 6（b）所示。

2) 对于 RPN 生成的每个候选边界框，通过三种池化尺寸（7×7，11×3，3×11），在最后一层卷积特征层上做若干的候选区池化并将结果进行联结，输入到之后的两个全连接层中。

3) 全连接层再输出三个分支，分别表示：是否为文本的置信度、水平边界框的坐标、旋转边界框的坐标。

4) 最后再对所有旋转边界框执行旋转形式的非极大值抑制，得到如图 7 - 6（d）所示的结果。

在 R2CNN 中，RPN 生成的水平边界框中文本存在三种情况：一是水平方向，二是垂直方向，三是对角线方向，所以在 RPN 阶段用水平边界去框选文本是符合常理的。而 RPN 中加入的较小尺寸的锚点对于小目标的检测有很大帮助。与 Faster R - CNN 不同的是，R2CNN 没有采用原始的锚点大小，而是改为较小的比例。在其他条件相同的情况下，经过实验测试，这一改动提升了在自然场景中文本的检测效果。

在 RPN 生成候选区域之后，将在特征图上进行候选区池化处理。在 Faster R - CNN 中，每个候选区池化的大小固定为 7×7。针对长宽比较大的目标，R2CNN 增加了两个池化的尺寸：3×11、11×3，从而更好地学习到文本的水平特征和垂直特征。

候选区池化后的特征将输入到两个全连接层中，分别输出三个分支：目标的置信度、水平边界框的坐标、旋转边界框的坐标。旋转边界框由 RPN 生成的提议框优化调整，并且每个旋转边界框都和

(a) 输入图像

(b) RPN生成候选框

(c) 输出水平和旋转边界框

(d) 旋转非极大值抑制结果

图 7-6　R2CNN 的角度预测示意图

水平边界框相联系。虽然最终目标是生成旋转边界框，但经过实验测试，额外输出的水平边界框能提升网络的性能。

最后一步是基于旋转机制的非极大值抑制，目前大多数流行的目标检测算法中，多采用非极大值抑制作为检测框的后处理方式。在 R2CNN 中，因为同时输出了水平检测框以及旋转检测框，需要同时进行常规的非极大值抑制以及旋转非极大值抑制。在旋转的非极大值抑制中，交并比被修改为旋转框之间的旋转交并比。

图 7-7 为两种不同非极大值抑制的后处理结果。其中，图 7-7（a）为非极大值抑制前的预测框（包含水平框和角度框）。图 7-7（b）为仅采用非极大值抑制的角度框结果，可以看出常规方式出现了漏检，红色虚线框中的文本未能检测。图 7-7（c）为采用旋转非极大值抑制的结果。通过图 7-7（d）和（e）的细节对比，可以看

出在一些文本紧密的场景，因为水平框的交并比很高，常规方式的非极大值抑制可能会导致检测丢失，而旋转框的交并比低，所以不会丢失目标。

图 7 - 7　两种不同非极大值抑制的结果对比

　　综上所述，R2CNN 首先使用 RPN 生成包含目标方向信息的轴对齐边界框。随后，根据不同池化方式压缩特征，并利用两层全连接层分别预测类别评分、轴对齐边界框和倾斜的区域框坐标。最后，使用倾斜的非最大抑制（NMS）方法获得包含方向信息的目标结果。R2CNN 的基本流程如图 7 - 8 所示。

　　与 Faster R - CNN 不同，R2CNN 具备获取目标方向信息的能力，它在 RPN 中实现了包含角度信息的候选框的提取，每个候选框的坐标可以表示为（cx，cy，w，h，θ）。其中，(cx，cy) 表示候选框中心点的位置坐标，w 和 h 分别是候选框的宽和高，θ 是候选框长边与水平方向之间的夹角。由于角度表示的不稳定性（例如难以区分 $+90°$ 和 $-90°$ 的候选框是否为不同的候选框），因此，进一步修

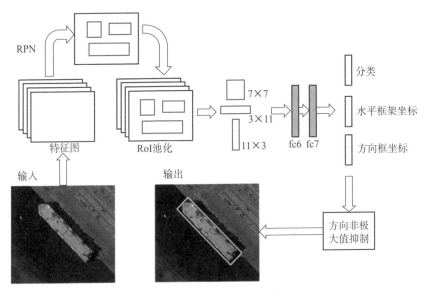

图 7 - 8　R2CNN 基本流程图

改候选框的表示方法为（x_1，y_1，x_2，y_2，h），其中（x_1，y_1）和
（x_2，y_2）为候选框长边端点坐标。在目标分类和边框回归分支的基
础上，R2CNN 增加了一个角度信息的损失，R2CNN 的整体损失函
数为

$$L(p,t,v,v^*,u,u^*)=L_{cls}+\lambda_1 t\sum_{i\in\{x,y,w,h\}}L_{reg}(v_i,v_i^*)+$$
$$\lambda_2 t\sum_{i\in\{x_1,y_1,x_2,y_2,h\}}L_{reg}(u_i,u_i^*)$$

$$(7-2)$$

　　下面举例说明 R2CNN 在目标识别中的效果。实验的目的为识
别机场场景下的飞机。将不同类型的飞机进行分类标注，并采用方
向框进行位置标注，构建有效的飞机目标样本集。对于数量较少的
样本集进行合理的数据增广处理。经过网络参数调优和训练后，利
用测试集对 R2CNN 的识别能力进行测试，识别结果的 mAP 见表
7 - 1，识别结果如图 7 - 9 所示。

表 7 - 1　目标识别的精度评价结果

种类	R	P	AP	mAP
F15	1.0	1.0	1.0	
F16	0.60	1.0	0.60	
F/A - 18	1.0	0.99	0.99	
B - 52	1.0	1.0	1.0	
C - 130	1.0	1.0	1.0	
C - 17	1.0	1.0	1.0	0.85
B - 1B	1.0	1.0	1.0	
WC - 135	0.99	1.0	0.99	
E - 8	0.61	1.0	0.61	
E - 3	1.0	0.92	0.96	
KC - 10	1.0	1.0	1.0	

图 7 - 9　飞机的识别结果（部分样例）

7.3　高分数据的目标识别案例

应用场景：某港口的船只目标检测任务。

数据情况：本实验使用的数据集由高分二号卫星获取的全色遥感图像组成。数据集中每张图像的大小为 1 024×1 024 像素。数据集示例如图 7-10 所示。

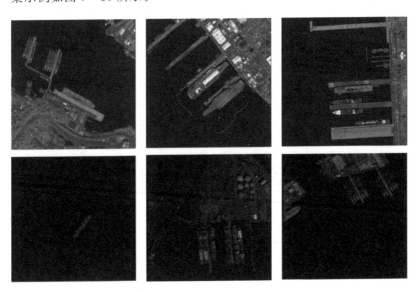

图 7-10　实验所用数据集

（1）Faster R-CNN

①网络训练

本实验采用的深度学习框架是 TensorFlow，卷积神经网络模型是 Faster R-CNN，其中卷积层作为共享网络层用于进行图像的特征提取。本实验中迭代次数为 120 000 次，每 5 000 步进行一次梯度下降更新。学习率在前 60 000 次迭代中设置为 0.000 5，后 60 000 次为 0.000 05。IOU 大于 0.5 的目标将被保留。

②预测过程

将待预测的图像输入已经训练好的目标检测网络模型，得到输入图像中某类目标的水平框检测结果。基于 Faster R - CNN 的目标识别结果如图 7 - 11 所示。

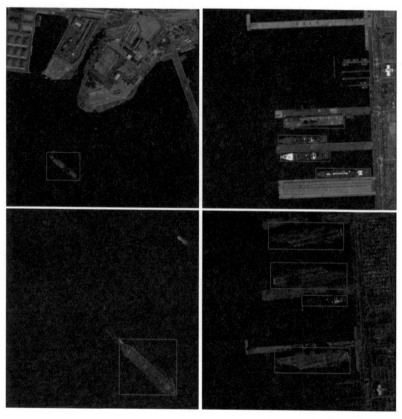

图 7 - 11　基于 Faster R - CNN 的舰船目标识别结果

（2）R2CNN

①网络训练

接下来使用 R2CNN 为目标检测的基本模型，该方法在获取目标种类、位置信息的基础上，还可以提供目标的方向信息。训练迭代次数为 120 000，学习率设置为 0.000 5。

②检测过程

将待检测的图像输入已经训练好的目标检测网络模型，得到输入图像中某类目标的方向框检测结果。R2CNN 方法的目标识别结果如图 7 - 12 所示。

图 7 - 12　基于 R2CNN 的舰船目标识别结果

（3）总结

本实验以高分二号卫星所拍摄的某港口区域的全色图像为实验数据，利用 Faster R - CNN 和 R2CNN 开展迭代训练，自动化地提取船只目标的类别、位置和方向信息。实验结果显示，目标识别精度较高，目标方向估计十分准确。实验结果证明 Faster R - CNN 和 R2CNN 网络可以有效解决高分数据的目标识别问题，两种网络模型各有优势，特别是 R2CNN 在船身方向检测中发挥了重要作用，这是基于水平框检测方法所不能实现的。

实验 Python 代码（R2CNN）见附录 D。Faster R - CNN 模型的 Python 代码如下：

载入 Python 包

```python
import numpy as np
import os
import six. moves. urllib as urllib
import sys
import tarfile
import tensorflow as tf
import zipfile
from collections import defaultdict
from io import StringIO
from matplotlib import pyplot as plt
from PIL import Image
import cv2
sys. path. append(" . . ")
from utils import label_map_util
from utils import visualization_utils as vis_util
```

＃载入已经训练好的模型

```python
MODEL_NAME = 'ship_faster_rcnn_resnet101'
MODEL_FILE = MODEL_NAME + '. tar. gz'
```

已训练的模型图的路径

```
PATH_TO_CKPT = MODEL_NAME + '/frozen_ship_inference_graph.pb'
```

样本标注映射文件路径

```
PATH_TO_LABELS = os.path.join('data', 'ship_label_map.pbtxt')

NUM_CLASSES = 2

tar_file = tarfile.open(MODEL_FILE)

for file in tar_file.getmembers():

    file_name = os.path.basename(file.name)

    if 'frozen_inference_graph.pb' in file_name:

        tar_file.extract(file, os.getcwd())
```

加载已训练的模型

```
detection_graph = tf.Graph()

with detection_graph.as_default():

    od_graph_def = tf.GraphDef()

    with tf.gfile.GFile(PATH_TO_CKPT, 'rb') as fid:

        serialized_graph = fid.read()

        od_graph_def.ParseFromString(serialized_graph)

    tf.import_graph_def(od_graph_def, name='')
```

加载标注映射

```
label_map = label_map_util.load_labelmap(PATH_TO_LABELS)

categories = label_map_util.convert_label_map_to_categories(label_map,
max_num_classes=NUM_CLASSES, use_display_name=True)

category_index = label_map_util.create_category_index(categories)
```

辅助代码

```
def load_image_into_numpy_array(image):

    (im_width, im_height) = image.size

    return np.array(image.getdata()).reshape(

        (im_height, im_width, 3)).astype(np.uint8)
```

测试图像的路径

```
PATH_TO_TEST_IMAGES_DIR = 'test_images'
TEST_IMAGE_PATHS = [ os.path.join(PATH_TO_TEST_IMAGES_DIR,
'image{}.jpg'.format(i)) for i in range(1, 4) ]
```

设置输出图像的尺寸

```
IMAGE_SIZE = (256,256)
```

开始预测

```
with detection_graph.as_default():
    with tf.Session(graph = detection_graph) as sess:
        for image_path in TEST_IMAGE_PATHS:
            image = Image.open(image_path)
            image_np = load_image_into_numpy_array(image)
            image_np_expanded = np.expand_dims(image_np, axis = 0)
            image_tensor = detection_graph.get_tensor_by_name('image_
tensor:0')
            boxes = detection_graph.get_tensor_by_name('detection_boxes:0')
            scores = detection_graph.get_tensor_by_name('detection_scores:
0')
            classes = detection_graph.get_tensor_by_name('detection_classes:
0')
            num_detections = detection_graph.get_tensor_by_name('num_
detections:0')
            (boxes, scores, classes, num_detections) = sess.run(
            [boxes, scores, classes, num_detections],
            feed_dict = {image_tensor: image_np_expanded})
```

可视化显示检测结果

```
            vis_util.visualize_boxes_and_labels_on_image_array(
                image_np,
                np.squeeze(boxes),
                np.squeeze(classes).astype(np.int32),
```

```
            np. squeeze(scores),
            category_index,
            use_normalized_coordinates = True,
            line_thickness = 8)
plt. figure(figsize = IMAGE_SIZE)
plt. imshow(image_np)
```

第8章　神经网络技术在遥感应用中的发展趋势

8.1　遥感应用面临的问题

从遥感数据获取及应用来看，遥感数据的生命周期大致分为两个阶段：遥感数据阶段和大数据阶段，如图 8-1 所示。遥感数据阶段主要包含遥感数据的采集、处理、存储、管理、分发以及专题应用阶段。该阶段的特点：海量数据的获取，数据使用率低，应用多为政府部门主导，遥感数据市场化程度低。对于大数据阶段，使用人工智能和大数据分析技术，整合人口调查、互联网采集、移动通信等海量数据，激活存量遥感数据，开展多源数据的处理、分析、生产等工作，最终形成知识"一张图"，提供有效知识呈现和决策支撑。

随着遥感图像分辨率和覆盖范围的不断提升，面对包含复杂地物信息的高分宽幅遥感图像，完全依靠人工解译图像需要耗费大量的人力物力，无法适应不断升级的应用需求。基于像素级的图像统计分类方法只能实现典型目标的识别，难以直观构成图像中的语义信息，在目标特征和顶层语义中存在着鸿沟；基于深度学习的遥感图像处理是人工智能不断进化的必然趋势，构建适用于遥感图像语义提取的高精度、高效率的深度网络有利于提升语义提取的精度。为了解决单一数据源引起的语义混淆问题，需要研究融合多源遥感图像的语义联合提取方法。此外，随着多源、多时相高分辨率遥感卫星数量的日益增多，遥感图像数据呈现出"大数据"的发展态势，单星每日新增数据在 TB 量级，国家级数据中心存档数据达到 PB 量级，这也对海量遥感图像的自动化处理和智能化应用提出了新的挑战。

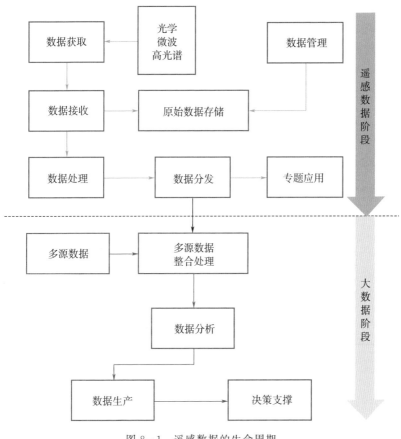

图 8-1　遥感数据的生命周期

8.2　深度神经网络的优势

　　遥感图像解译的目的是使人类更加全面地了解自身生存的环境，通过解译高分辨率遥感图像，可以更加深刻地反映目标地物的特征并指导人类的实践活动。如果不将遥感图像包含的复杂场景语义信息考虑进来，将永远无法在多元化社会中，完全理解人类生存环境的变化的本质。因此，遥感图像的研究与应用具有十分重大的科学价值和现实意义。遥感图像的语义指的是遥感图像中观测场景的顶层含义，是人类可以直观理解并加以利用的知识。语义提取技术可以从遥感图像中解译出包含山川、河流、建筑、公路等目标的大大小小尺度不一的各类场景，进而研究遥感图像中物与物、物与场景及人与场景的内在依存关系，建立从底层图像特征到顶层语义的有机联系。

遥感图像分类技术一直是遥感及计算机视觉领域的研究热点之一，也是实现智能化遥感图像语义提取的技术基础。早期的遥感图像分类主要依靠单个像素或互相连通的不规则像素集合的电磁信息、光谱信息、纹理信息和空间信息判断地物类别属性。这种统计分类方法主要包括最小距离分类、最大似然分类、波谱角分类、混合距离分类等。虽然统计分类法是目前研究得最多、最深入的分类算法，但这种传统的基于统计特性的模式识别方法仍具有明显的不足：

1）逐像素点估计属性导致计算量较大，且要求输入数据必须服从某种分布；

2）无监督的聚类分类精度低，基于像素的聚类中心难以选取；

3）分类结果易产生"椒盐"现象，制约了分类结果的有效应用。

深度神经网络与深度学习的结合，克服了传统方法只依赖图像统计特性的缺陷，使得目标分类处理具有了一定的智能化能力，可以挖掘图像中包含的更高层次的语义信息。事实上，深度学习是一种基于深层神经网络结构的人工智能算法。通过多层人工神经网络拟合训练样本，解决了传统神经网络算法在训练多层神经网络时出现的局部最优问题。相较于 SVM、最大熵、提升方法等"浅层"学习方法，深度神经网络具有更复杂的层次结构。这种多层次的数学模型具有特定的变换和传导方式，可实现从复杂数据中提取特征，从而有利于数据分类或特征的可视化。

8.3　神经网络在遥感应用中的应用前景

深度置信网络（Deep Belief Network，DBN）由 Hinton 等人于 2006 年提出，作为一种深度学习模型受到了广泛关注，并被成功应用在物体识别、语音识别等领域。如今，DBN 已经成为一种得到广泛研究与应用的深度学习模型，它结合了无监督学习和有监督学习的优点，对高维数据具有较好的分类能力。相关研究提出用 DBN 模型对机载遥感图像中的道路进行检测，这是深度学习方法被首次用于遥感领域。

卷积神经网络（Convolutional Neural Network，CNN）是一种多层的神经网络结构。它减少了权值个数，深化了模型结构，更加有利于提高网络的学习效率和精度。该网络更加趋近于人类的神经结构，因此在处理视觉信息上有着得天独厚的优势。最初，CNN 网络被广泛用于识别手写数字，且已突现出在自然图像目标识别上的一些优势。近些年，DCNN 在遥感图像解译领域逐渐展现出其优势，图 8-2 展示了典型的深度卷积神经网络及其演进关系。

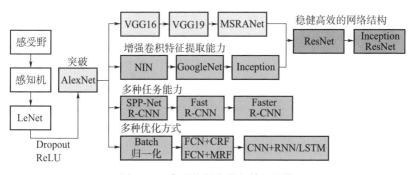

图 8-2　典型的深度卷积神经网络

从结构上看，CNN 的主体框架由多层卷积层、多层采样层以及全连接层构成，其中每层由多个矩阵构成，在每个矩阵中又包含了多个独立的神经元。LeNet 和 AlexNet 是两个典型的 CNN 网络模型，在遥感图像分类领域，大部分研究都延用了这两个网络模型，并在 SAR 图像的目标识别和光学图像的分类中得到了初步应用。将多层感知机（multilayer perceptron）与 CNN 结合，可以提高精细分辨率遥感图像的分类性能。然而，现有的 CNN 网络模型原本都是用于简单的自然图像分类任务，导致网络规模不大，特征提取参数较少，其结构并不完全适合于解决遥感图像分类问题。因此，现阶段的遥感图像分类精度主要受限于网络模型，一种适用于遥感图像处理的神经网络机制仍有待持续研究。

针对遥感图像智能解译的需求，结合深度学习和深度神经网络技术，需持续开展如下四个方面的工作：

（1）深化基于 DCNN 的场景分类、语义分割和目标识别方法研究

随着遥感卫星的光谱分辨率和空间分辨率的提升，DCNN 在场景分类、语义分割和目标识别等应用中所要解决的问题还在不断增多。首先是对象类别的增多，例如在高空间分辨率遥感数据下，大小车辆、零散农作物地块、电力杆塔等成为更细化的识别对象，甚至在更高空间分辨率下还需要实现车辆型号、道路标识等的分类与识别。除此之外还面临对象状态的复杂化问题，在高光谱遥感数据下，比如植被的种类、植被的健康状态、更高精度的水质和大气参数等都成为需要解决的问题。这些近未来的更高需求，要求必须从基于先验知识的样本精细化标注、建立面向对象的特征恢复机制、抑制干扰等方面，深化基于 DCNN 的场景分类、语义分割和目标识别方法研究。

（2）优化 DCNN 网络结构及训练方法

针对不同的遥感图像解译任务，需要构建具有特定功能单元的 DCNN 网络结构。例如，在实现语义分割时，用户更关心对象的边界信息是否准确，这就要求我们必须优化 DCNN 网络的边缘信息保持能力，增加反卷积和高低特征连接机制。再如，目标检测是建立在对原始图像的特征提取能力的基础上的，层数较少的网络往往不

利于该能力的提升，此时特征提取网络应尽量使用较深的结构。训练方法不仅包含了训练技巧和超参数选择，还与任务的实现方式有关。端到端的系统可以统一训练，但是对于多任务的系统，有时需要分阶段更新网络权值，各子任务的损失函数的比重也要根据任务目标进行调整。

（3）提升广域、高分辨率图像解译效率

随着遥感卫星的增多和遥感卫星幅宽的不断增加，在高时间分辨率和大幅宽影像数据的要求下，DCNN 还面临如何提升广域、高分辨率图像解译效率的强烈需求。为了解决更多分类、更大数据量、更高时效要求的解译效率问题，需要从图像预处理、并行预测、预测结果融合等方面，构建近实时的广域遥感图像解译处理链路，提升解译的效率。

（4）探索 SAR 图像与光学图像在 DCNN 层级上的融合

随着 SAR 遥感卫星的增多和示范应用的推广效应，SAR 遥感图像正在被越来越多的用户所接受。但受限于 SAR 图像的不直观性，为了有效拓展应用范围，必须进行 SAR 图像与光学图像的融合。为了进一步提升 SAR 遥感应用的直观性、准确性和便捷性，需要研究 SAR 图像与光学图像的融合技术并提升其效率。考虑到 DCNN 可以提取 SAR 和光学遥感图像的特征，因此基于 DCNN 的 SAR 与光学遥感图像的特征级融合技术具有重要的研究价值及现实意义。

相信对以上几个方面的不断探索，定将推动深度学习和神经网络技术在遥感应用领域中发挥更大的作用。

附录 A　Inception v1 的 Python 代码实现

```python
# 定义 Inception v1 的基本结构
def inception _ v1 _ base ( inputs, final _ endpoint = 'Mixed _ 5c', scope =
'InceptionV1'):
    end_points = {}
    with variable_scope. variable_scope(scope, 'InceptionV1', [inputs]):
        with arg_scope(
            [layers. conv2d, layers_lib. fully_connected],
            weights_initializer = trunc_normal(0.01)):
            with arg_scope(
                [layers. conv2d, layers _ lib. max _ pool2d], stride = 1, padding =
'SAME'):
                # block1 的单元 a
                end_point = 'Conv2d_1a_7x7'
                # 卷积操作
                net = layers. conv2d(inputs, 64, [7, 7], stride = 2, scope = end_point)
                end_points[end_point] = net
                if final_endpoint == end_point:
                    return net, end_points
                # block2 的单元 a
                # 池化操作
                end_point = 'MaxPool_2a_3x3'
                net = layers_lib. max_pool2d(net, [3, 3], stride = 2, scope = end_
point)
                end_points[end_point] = net
```

```
    if final_endpoint == end_point:
        return net, end_points
# block2 的单元 b
# 卷积操作
end_point = 'Conv2d_2b_1×1'
net = layers.conv2d(net, 64, [1, 1], scope=end_point)
end_points[end_point] = net
    if final_endpoint == end_point:
        return net, end_points
# block2 的单元 c
# 卷积操作
end_point = 'Conv2d_2c_3×3'
net = layers.conv2d(net, 192, [3, 3], scope=end_point)
end_points[end_point] = net
    if final_endpoint == end_point:
        return net, end_points
# block3 的单元 a
# 池化操作
end_point = 'MaxPool_3a_3×3'
net = layers_lib.max_pool2d(net, [3, 3], stride=2, scope=end_
point)
    end_points[end_point] = net
    if final_endpoint == end_point:
        return net, end_points
# block3 的单元 b
end_point = 'Mixed_3b'
with variable_scope.variable_scope(end_point):
    with variable_scope.variable_scope('Branch_0'):
        branch_0 = layers.conv2d(net, 64, [1, 1], scope='Conv2d_0a_
```

```
1×1')
        with variable_scope. variable_scope('Branch_1') :
            branch_1 = layers. conv2d(net, 96, [1, 1], scope = 'Conv2d_0a_
1×1')
            branch_1 = layers. conv2d(
                branch_1, 128, [3, 3], scope = 'Conv2d_0b_3×3')
        with variable_scope. variable_scope('Branch_2') :
            branch_2 = layers. conv2d(net, 16, [1, 1], scope = 'Conv2d_0a_
1×1')
            branch_2 = layers. conv2d(
                branch_2, 32, [3, 3], scope = 'Conv2d_0b_3×3')
        with variable_scope. variable_scope('Branch_3') :
            branch_3 = layers_lib. max_pool2d(
                net, [3, 3], scope = 'MaxPool_0a_3×3')
            branch_3 = layers. conv2d(
                branch_3, 32, [1, 1], scope = 'Conv2d_0b_1×1')
        net = array_ops. concat([branch_0, branch_1, branch_2, branch_3],
3)
    end_points[end_point] = net
    if final_endpoint = = end_point :
        return net, end_points

    # block3 的单元 c
    end_point = 'Mixed_3c'
    with variable_scope. variable_scope(end_point) :
        with variable_scope. variable_scope('Branch_0') :
            branch_0 = layers. conv2d(net, 128, [1, 1], scope = 'Conv2d_0a
_1×1')
        with variable_scope. variable_scope('Branch_1') :
            branch_1 = layers. conv2d(net, 128, [1, 1], scope = 'Conv2d_0a
```

```
_1×1')
            branch_1 = layers.conv2d(
                branch_1,192,[3,3],scope = 'Conv2d_0b_3×3')
        with variable_scope.variable_scope('Branch_2'):
            branch_2 = layers.conv2d(net,32,[1,1],scope = 'Conv2d_0a_
1×1')
            branch_2 = layers.conv2d(
                branch_2,96,[3,3],scope = 'Conv2d_0b_3×3')
        with variable_scope.variable_scope('Branch_3'):
            branch_3 = layers_lib.max_pool2d(
                net,[3,3],scope = 'MaxPool_0a_3×3')
            branch_3 = layers.conv2d(
                branch_3,64,[1,1],scope = 'Conv2d_0b_1×1')
            net = array_ops.concat([branch_0,branch_1,branch_2,branch_3],
3)
        end_points[end_point] = net
        if final_endpoint = = end_point:
            return net,end_points
    # block4 的单元 a
    # 池化操作
    end_point = 'MaxPool_4a_3×3'
    net = layers_lib.max_pool2d(net,[3,3],stride = 2,scope = end_
point)
        end_points[end_point] = net
        if final_endpoint = = end_point:
            return net,end_points
    # block4 的单元 b
    end_point = 'Mixed_4b'
    with variable_scope.variable_scope(end_point):
```

```python
    with variable_scope. variable_scope('Branch_0'):
        branch_0 = layers. conv2d(net, 192, [1, 1], scope = 'Conv2d_0a
_1x1')
    with variable_scope. variable_scope('Branch_1'):
        branch_1 = layers. conv2d(net, 96, [1, 1], scope = 'Conv2d_0a_
1x1')
        branch_1 = layers. conv2d(
            branch_1,208, [3, 3], scope = 'Conv2d_0b_3x3')
    with variable_scope. variable_scope('Branch_2'):
        branch_2 = layers. conv2d(net, 16, [1, 1], scope = 'Conv2d_0a_
1x1')
        branch_2 = layers. conv2d(
            branch_2,48, [3, 3], scope = 'Conv2d_0b_3x3')
    with variable_scope. variable_scope('Branch_3'):
        branch_3 = layers_lib. max_pool2d(
        net, [3, 3], scope = 'MaxPool_0a_3x3')
            branch_3 = layers. conv2d(
            branch_3,64, [1, 1], scope = 'Conv2d_0b_1x1')
        net = array_ops. concat([branch_0, branch_1, branch_2, branch_3],
3)
    end_points[end_point] = net
    if final_endpoint == end_point:
        return net, end_points

    # block4 的单元 c
    end_point = 'Mixed_4c'
    with variable_scope. variable_scope(end_point):
        with variable_scope. variable_scope('Branch_0'):
            branch_0 = layers. conv2d(net, 160, [1, 1], scope = 'Conv2d_0a
_1x1')
```

```python
with variable_scope.variable_scope('Branch_1'):
    branch_1 = layers.conv2d(net, 112, [1, 1], scope = 'Conv2d_0a
_1x1')
    branch_1 = layers.conv2d(
        branch_1,224, [3, 3], scope = 'Conv2d_0b_3x3')
with variable_scope.variable_scope('Branch_2'):
    branch_2 = layers.conv2d(net, 24, [1, 1], scope = 'Conv2d_0a_
1x1')
    branch_2 = layers.conv2d(
        branch_2,64, [3, 3], scope = 'Conv2d_0b_3x3')
with variable_scope.variable_scope('Branch_3'):
    branch_3 = layers_lib.max_pool2d(
        net, [3, 3], scope = 'MaxPool_0a_3x3')
    branch_3 = layers.conv2d(
        branch_3,64, [1, 1], scope = 'Conv2d_0b_1x1')
    net = array_ops.concat([branch_0, branch_1, branch_2, branch_3],
3)
end_points[end_point] = net
if final_endpoint = = end_point:
    return net, end_points

# block4 的单元 d
end_point = 'Mixed_4d'
with variable_scope.variable_scope(end_point):
    with variable_scope.variable_scope('Branch_0'):
        branch_0 = layers.conv2d(net, 128, [1, 1], scope = 'Conv2d
_0a_1x1')
    with variable_scope.variable_scope('Branch_1'):
        branch_1 = layers.conv2d(net, 128, [1, 1], scope = 'Conv2d_0a
_1x1')
```

```
        branch_1 = layers. conv2d(
            branch_1,256, [3, 3], scope = 'Conv2d_0b_3x3')
with variable_scope. variable_scope('Branch_2'):
            branch_2 = layers. conv2d(net, 24, [1, 1], scope = 'Conv2d_0a_
1x1')
            branch_2 = layers. conv2d(
                branch_2,64, [3, 3], scope = 'Conv2d_0b_3x3')
        with variable_scope. variable_scope('Branch_3'):
            branch_3 = layers_lib. max_pool2d(
                net, [3, 3], scope = 'MaxPool_0a_3x3')
            branch_3 = layers. conv2d(
                branch_3,64, [1, 1], scope = 'Conv2d_0b_1x1')
        net = array_ops. concat([branch_0, branch_1, branch_2, branch_3],
3)
    end_points[end_point] = net
    if final_endpoint == end_point:
        return net, end_points
    # block4 的单元 e
    end_point = 'Mixed_4e'
    with variable_scope. variable_scope(end_point):
    with variable_scope. variable_scope('Branch_0'):
        branch_0 = layers. conv2d(net, 112, [1, 1], scope = 'Conv2d_0a_
1x1')
        with variable_scope. variable_scope('Branch_1'):
        branch_1 = layers. conv2d(net, 144, [1, 1], scope = 'Conv2d_0a_
1x1')
        branch_1 = layers. conv2d(
            branch_1,288, [3, 3], scope = 'Conv2d_0b_3x3')
        with variable_scope. variable_scope('Branch_2'):
```

```
        branch_2 = layers.conv2d(net, 32, [1, 1], scope = 'Conv2d_0a_
1×1')

        branch_2 = layers.conv2d(
            branch_2,64, [3, 3], scope = 'Conv2d_0b_3×3')
        with variable_scope.variable_scope('Branch_3'):
        branch_3 = layers_lib.max_pool2d(
            net, [3, 3], scope = 'MaxPool_0a_3×3')
        branch_3 = layers.conv2d(
            branch_3,64, [1, 1], scope = 'Conv2d_0b_1×1')
        net = array_ops.concat([branch_0, branch_1, branch_2, branch_3],
3)
    end_points[end_point] = net
    if final_endpoint = = end_point:
    return net, end_points
    # block4 的单元 f
    end_point = 'Mixed_4f'
    with variable_scope.variable_scope(end_point):
    with variable_scope.variable_scope('Branch_0'):
        branch_0 = layers.conv2d(net, 256, [1, 1], scope = 'Conv2d_0a_
1×1')

        with variable_scope.variable_scope('Branch_1'):
        branch_1 = layers.conv2d(net, 160, [1, 1], scope = 'Conv2d_0a_
1×1')

        branch_1 = layers.conv2d(
            branch_1,320, [3, 3], scope = 'Conv2d_0b_3×3')
        with variable_scope.variable_scope('Branch_2'):
        branch_2 = layers.conv2d(net, 32, [1, 1], scope = 'Conv2d_0a_
1×1')

        branch_2 = layers.conv2d(
```

```
            branch_2, 128, [3, 3], scope = 'Conv2d_0b_3x3')
        with variable_scope. variable_scope('Branch_3'):
        branch_3 = layers_lib. max_pool2d(
            net, [3, 3], scope = 'MaxPool_0a_3x3')
        branch_3 = layers. conv2d(
            branch_3, 128, [1, 1], scope = 'Conv2d_0b_1x1')
        net = array_ops. concat([branch_0, branch_1, branch_2, branch_3],
3)

    end_points[end_point] = net
    if final_endpoint = = end_point:
    return net, end_points
    # block5 的单元 a
    end_point = 'MaxPool_5a_2x2'
    net = layers_lib. max_pool2d(net, [2, 2], stride = 2, scope = end_
point)

    end_points[end_point] = net
    if final_endpoint = = end_point:
        return net, end_points
    # block5 的单元 b
    end_point = 'Mixed_5b'
    with variable_scope. variable_scope(end_point):
        with variable_scope. variable_scope('Branch_0'):
            branch_0 = layers. conv2d(net, 256, [1, 1], scope = 'Conv2d_0a
_1x1')
        with variable_scope. variable_scope('Branch_1'):
            branch_1 = layers. conv2d(net, 160, [1, 1], scope = 'Conv2d_0a
_1x1')

            branch_1 = layers. conv2d(
                branch_1, 320, [3, 3], scope = 'Conv2d_0b_3x3')
```

```
        with variable_scope.variable_scope('Branch_2'):
            branch_2 = layers.conv2d(net, 32, [1, 1], scope = 'Conv2d_
0a_1x1')
            branch_2 = layers.conv2d(
                branch_2, 128, [3, 3], scope = 'Conv2d_0a_3x3')
        with variable_scope.variable_scope('Branch_3'):
            branch_3 = layers_lib.max_pool2d(
                net, [3, 3], scope = 'MaxPool_0a_3x3')
            branch_3 = layers.conv2d(
                branch_3, 128, [1, 1], scope = 'Conv2d_0b_1x1')
        net = array_ops.concat([branch_0, branch_1, branch_2, branch_3],
3)
    end_points[end_point] = net
    if final_endpoint == end_point:
        return net, end_points

    # block5 的单元 c
    end_point = 'Mixed_5c'
    with variable_scope.variable_scope(end_point):
        with variable_scope.variable_scope('Branch_0'):
            branch_0 = layers.conv2d(net, 384, [1, 1], scope = 'Conv2d_0a
_1x1')
        with variable_scope.variable_scope('Branch_1'):
            branch_1 = layers.conv2d(net, 192, [1, 1], scope = 'Conv2d_0a
_1x1')
            branch_1 = layers.conv2d(
                branch_1, 384, [3, 3], scope = 'Conv2d_0b_3x3')
        with variable_scope.variable_scope('Branch_2'):
            branch_2 = layers.conv2d(net, 48, [1, 1], scope = 'Conv2d_0a_
1x1')
```

```
        branch_2 = layers. conv2d(
            branch_2, 128, [3, 3], scope = 'Conv2d_0b_3x3')
        with variable_scope. variable_scope('Branch_3'):
            branch_3 = layers_lib. max_pool2d(
                net, [3, 3], scope = 'MaxPool_0a_3x3')
            branch_3 = layers. conv2d(
                branch_3, 128, [1, 1], scope = 'Conv2d_0b_1x1')
        net = array_ops. concat([branch_0, branch_1, branch_2, branch_3], 3)
    end_points[end_point] = net
    if final_endpoint == end_point:
        return net, end_points
    raise ValueError('Unknown final endpoint %s' % final_endpoint)
# 定义 Inception v1 模型
def inception_v1(inputs,
                 num_classes = 1000,
                 is_training = True,
                 dropout_keep_prob = 0. 8,
                 prediction_fn = layers_lib. softmax,
                 spatial_squeeze = True,
                 reuse = None,
                 scope = 'InceptionV1'):
    # Final pooling and prediction
    with variable_scope. variable_scope(
        scope, 'InceptionV1', [inputs, num_classes], reuse = reuse) as scope:
        with arg_scope(
            [layers_lib. batch_norm, layers_lib. dropout], is_training = is_training):
            net, end_points = inception_v1_base(inputs, scope = scope)
            with variable_scope. variable_scope('Logits'):
                net = layers_lib. avg_pool2d(
```

```
        net, [7, 7], stride = 1, scope = 'MaxPool_0a_7x7')
      net = layers_lib. dropout(net, dropout_keep_prob, scope = 'Dropout_0b')
      logits = layers. conv2d(
          net,
          num_classes, [1, 1],
          activation_fn = None,
          normalizer_fn = None,
          scope = 'Conv2d_0c_1x1')
        if spatial_squeeze:
          logits = array_ops. squeeze(logits, [1, 2], name = 'SpatialSqueeze')
        end_points['Logits'] = logits
        end_points['Predictions'] = prediction_fn(logits, scope = 'Predictions')
    return logits, end_points
inception_v1. default_image_size = 224
def inception_v1_arg_scope(weight_decay = 0. 00004,
                           use_batch_norm = True,
                           batch_norm_var_collection = 'moving_vars'):
    batch_norm_params = {
        # Decay for the moving averages.
        'decay': 0. 9997,
        # epsilon to prevent 0s in variance.
        'epsilon': 0. 001,
        # collection containing update_ops.
        'updates_collections': ops. GraphKeys. UPDATE_OPS,
        # collection containing the moving mean and moving variance.
        'variables_collections': {
            'beta': None,
            'gamma': None,
            'moving_mean': [batch_norm_var_collection],
```

```
      'moving_variance': [batch_norm_var_collection],
    }
  }
  if use_batch_norm:
      normalizer_fn = layers_lib. batch_norm
      normalizer_params = batch_norm_params
  else:
      normalizer_fn = None
      normalizer_params = {}
    # Set weight_decay for weights in Conv and FC layers.
  with arg_scope(
      [layers. conv2d, layers_lib. fully_connected],
      weights_regularizer = regularizers. l2_regularizer(weight_decay)):
  with arg_scope(
      [layers. conv2d],
      weights_initializer = initializers. variance_scaling_initializer(),
      activation_fn = nn_ops. relu,
      normalizer_fn = normalizer_fn,
      normalizer_params = normalizer_params) as sc:
  return sc
```

附录 B   高分数据的地物分类案例 Python 代码

Part 1：数据集的制作：切割，除海面云雾，标注，增广

```
from keras. preprocessing. image import ImageDataGenerator, array_to_img,
img_to_array, load_img
import numpy as np
import os
import glob
class myAugmentation(object):
    """
```

用于增强图像的类

首先,分别读取训练图像和标签,然后合并到一起进行下一个过程。

其次,利用 KERS 预处理增广图像。可针对难分割的图像进行多次不同方式的增广。

最后,将增广后的图像分离成训练图像和标签。

```
    """
    def __init__(self, train_path = "train", label_path = "label", merge_
path = "merge", aug_merge_path = "aug_merge", aug_train_path = "aug_train",
aug_label_path = "aug_label", img_type = "tif"):
        """
```

使用 glob 得到路径下的所有该图片类型的图片

```
        """
        self. train_imgs = glob. glob(train_path + "/ * . " + img_type)
        self. label_imgs = glob. glob(label_path + "/ * . " + img_type)
        self. train_path = train_path
        self. label_path = label_path
```

```python
        self.merge_path = merge_path
        self.img_type = img_type
        self.aug_merge_path = aug_merge_path
        self.aug_train_path = aug_train_path
        self.aug_label_path = aug_label_path
        self.slices = len(self.train_imgs)
        self.datagen = ImageDataGenerator(
rotation_range = 0.2,
width_shift_range = 0.05,
height_shift_range = 0.05,
shear_range = 0.05,
zoom_range = 0.05,
horizontal_flip = True,
fill_mode = 'nearest')
    def Augmentation(self):
        """

    增广所有的图像
        """

        trains = self.train_imgs
        labels = self.label_imgs
        path_train = self.train_path
        path_label = self.label_path
        path_merge = self.merge_path
        imgtype = self.img_type
        path_aug_merge = self.aug_merge_path
        if len(trains) ! = len(labels) or len(trains) == 0 or len(trains) =
= 0:
            print "trains can't match labels"
            return 0
```

```
for i in range(len(trains)):
    img_t = load_img(path_train + "/" + str(i) + "." + imgtype)
    img_l = load_img(path_label + "/" + str(i) + "." + imgtype)
    x_t = img_to_array(img_t)
    x_l = img_to_array(img_l)
    x_t[:,:,2] = x_l[:,:,0]
    img_tmp = array_to_img(x_t)
    img_tmp.save(path_merge + "/" + str(i) + "." + imgtype)
    img = x_t
    img = img.reshape((1,) + img.shape)
    savedir = path_aug_merge + "/" + str(i)
    if not os.path.lexists(savedir):
        os.mkdir(savedir)
    self.doAugmentate(img, savedir, str(i))

def doAugmentate(self, img, save_to_dir, save_prefix, batch_size = 1, save_
format = 'tif', imgnum = 30):
    """
```

针对不易训练的图像中的某一张图像进行增广

```
    """
    datagen = self.datagen
    i = 0
    for batch in datagen.flow(img,
                        batch_size = batch_size,
                        save_to_dir = save_to_dir,
                        save_prefix = save_prefix,
                        save_format = save_format):
        i += 1
        if i > imgnum:
            break
```

```python
def splitMerge(self):
    """
    将增广的图像分成训练图像与标签
    """
    path_merge = self.aug_merge_path
    path_train = self.aug_train_path
    path_label = self.aug_label_path
    for i in range(self.slices):
        path = path_merge + "/" + str(i)
        train_imgs = glob.glob(path + "/*." + self.img_type)
        savedir = path_train + "/" + str(i)
        if not os.path.lexists(savedir):
            os.mkdir(savedir)
        savedir = path_label + "/" + str(i)
        if not os.path.lexists(savedir):
            os.mkdir(savedir)
        for imgname in train_imgs:
            midname = imgname[imgname.rindex("/") + 1:imgname.rindex("." + self.img_type)]
            img = cv2.imread(imgname)
            img_train = img[:,:,2]  # cv2 read image rgb ->bgr
            img_label = img[:,:,0]
            cv2.imwrite(path_train + "/" + str(i) + "/" + midname + "_train" + "." + self.img_type, img_train)
            cv2.imwrite(path_label + "/" + str(i) + "/" + midname + "_label" + "." + self.img_type, img_label)
```

Part 2：U-Net 的训练

第一步：处理准备好的数据集，准备输入 U-Net 网络

```python
from keras.preprocessing.image import ImageDataGenerator, array_to_img, img_to
```

```
_array, load_img
import numpy as np
import os
import glob
class dataProcess(object):
```

初始化信息:储存训练图片的位置,储存标签的位置,储存测试图片的位置,储存转化的训练使用的 .npy 文件的位置

```
    def __init__(self, out_rows, out_cols, data_path = "/home/users/water - unet
- master/unet - master/data/train/image", label_path = "/home/users/water -
unet - master/unet - master/data/train/label", test_path = "/home/users/water
- unet - master/unet - master/data/test", npy_path = "/home/users/water -
unet - master/unet - master/data/npydata", img_type = "jpg"):
            self. out_rows = out_rows
            self. out_cols = out_cols
            self. data_path = data_path
            self. label_path = label_path
            self. img_type = img_type
            self. test_path = test_path
            self. npy_path = npy_path
```

将训练数据集转化为 U - Net 网络可加载使用的 .npy 文件

```
def create_train_data(self):
            i = 0
            print('-' * 30)
            print('Creating training images...')
            print('-' * 30)
            imgs = glob.glob(self. data_path + "/ * ." + self. img_type)
            print(len(imgs))
imgdatas = np. ndarray((len(imgs), self. out_rows, self. out_cols, 1), dtype =
np. uint8)
```

```
imglabels = np. ndarray((len(imgs), self. out_rows, self. out_cols, 1), dtype =
np. uint8)
        for imgname in imgs:
                midname = imgname[imgname. rindex("/") + 1:]
                img = load_img(self. data_path + "/" + midname, grayscale
= True)
                label = load_img(self. label_path + "/" + midname, grayscale =
True)
                img = img_to_array(img)
                label = img_to_array(label)
    # img = cv2. imread(self. data_path + "/" + midname, cv2. IMREAD_
GRAYSCALE)
        # label = cv2. imread(self. label_path + "/" + midname, cv2. IMREAD_
GRAYSCALE)
        # img = np. array([img])
        # label = np. array([label])
        imgdatas[i] = img
        imglabels[i] = label
                if i % 100 == 0:
                        print('Done: {0}/{1} images'. format(i, len(imgs)))
                        i += 1
        print('loading done')
        np. save(self. npy_path + '/imgs_train. npy', imgdatas)
        np. save(self. npy_path + '/imgs_mask_train. npy', imglabels)
        print('Saving to . npy files done. ')
# 将测试数据集转化为 U - Net 网络可加载测试的 . npy 文件
def create_test_data(self):
        i = 0
        print('-' * 30)
```

```
        print('Creating test images...')
        print('-' * 30)
        imgs = glob.glob(self.test_path + "/*." + self.img_type)
        print(len(imgs))
imgdatas = np.ndarray((len(imgs), self.out_rows, self.out_cols, 1), dtype =
np.uint8)
        for imgname in imgs:
            midname = imgname[imgname.rindex("/") + 1:]
            img = load_img(self.test_path + "/" + midname, grayscale =
True)
            img = img_to_array(img)
            # img = cv2.imread(self.test_path + "/" + midname,
cv2.IMREAD_GRAYSCALE)
            # img = np.array([img])
            imgdatas[i] = img
            i += 1
        print('loading done')
        np.save(self.npy_path + '/imgs_test.npy', imgdatas)
        print('Saving to imgs_test.npy files done.')

# 加载训练数据
def load_train_data(self):
        print('-' * 30)
        print('load train images...')
        print('-' * 30)
        imgs_train = np.load(self.npy_path + "/imgs_train.npy")
        imgs_mask_train = np.load(self.npy_path + "/imgs_mask_train.npy")
        imgs_train = imgs_train.astype('float32')
        imgs_mask_train = imgs_mask_train.astype('float32')
        imgs_train /= 255
```

```
#mean = imgs_train. mean(axis = 0)

#imgs_train - = mean

imgs_mask_train / = 255

imgs_mask_train[imgs_mask_train > 0.5] = 1

imgs_mask_train[imgs_mask_train < = 0.5] = 0

return imgs_train,imgs_mask_train
```

#加载测试数据

```
def load_test_data(self):

        print('-' * 30)

        print('load test images...')

        print('-' * 30)

        imgs_test = np. load(self. npy_path + "/imgs_test. npy")

        imgs_test = imgs_test. astype('float32')

        imgs_test / = 255

        #mean = imgs_test. mean(axis = 0)

        #imgs_test - = mean

        return imgs_test
```

第二步：定义模型结构，进行训练

```
import os

import numpy as np

from keras. models import *

from keras. layers import Input, merge, Conv2D, MaxPooling2D, UpSampling2D,
Dropout, Cropping2D

from keras. optimizers import *

from keras. callbacks import ModelCheckpoint, LearningRateScheduler

from keras import backend as keras

from data import *
```

#定义 myUnet 类

```
class myUnet(object):
```

＃定义输入的训练的图像的尺寸

```
def __init__(self, img_rows = 512, img_cols = 512):
        self.img_rows = img_rows
        self.img_cols = img_cols
```

＃载入数据,读取数据集制作保存的 .npy 文件,包括原图像和掩膜

```
def load_data(self):
mydata = dataProcess(self.img_rows, self.img_cols)
imgs_train, imgs_mask_train = mydata.load_train_data()
return imgs_train, imgs_mask_train
'''
```

定义 U - Net 的结构:经过不同程度的卷积并下采样,学习了深层次的特征,再经过上采样和反卷积恢复为原图大小。最后输出类别数量的特征图,最后使用激活函数 Softmax 将这两个类别转换为概率图。
```
'''
```

```
def get_unet(self):
inputs = Input((self.img_rows, self.img_cols, 1))
conv1 = Conv2D(64, 3, activation = 'relu', padding = 'same', kernel_
initializer = 'he_normal')(inputs)
print "conv1 shape:", conv1.shape
conv1 = Conv2D(64, 3, activation = 'relu', padding = 'same', kernel_
initializer = 'he_normal')(conv1)
print "conv1 shape:", conv1.shape
pool1 = MaxPooling2D(pool_size = (2, 2))(conv1)
print "pool1 shape:", pool1.shape
conv2 = Conv2D(128, 3, activation = 'relu', padding = 'same', kernel_
initializer = 'he_normal')(pool1)
print "conv2 shape:", conv2.shape
conv2 = Conv2D(128, 3, activation = 'relu', padding = 'same', kernel_
initializer = 'he_normal')(conv2)
```

```
print "conv2 shape:",conv2. shape
pool2 = MaxPooling2D(pool_size = (2, 2))(conv2)
print "pool2 shape:",pool2. shape
conv3 = Conv2D(256, 3, activation = 'relu', padding = 'same', kernel_
initializer = 'he_normal')(pool2)
print "conv3 shape:",conv3. shape
conv3 = Conv2D(256, 3, activation = 'relu', padding = 'same', kernel_
initializer = 'he_normal')(conv3)
print "conv3 shape:",conv3. shape
pool3 = MaxPooling2D(pool_size = (2, 2))(conv3)
print "pool3 shape:",pool3. shape
conv4 = Conv2D(512, 3, activation = 'relu', padding = 'same', kernel_
initializer = 'he_normal')(pool3)
conv4 = Conv2D(512, 3, activation = 'relu', padding = 'same', kernel_
initializer = 'he_normal')(conv4)
drop4 = Dropout(0. 5)(conv4)
pool4 = MaxPooling2D(pool_size = (2, 2))(drop4)
conv5 = Conv2D(1024, 3, activation = 'relu', padding = 'same', kernel_
initializer = 'he_normal')(pool4)
conv5 = Conv2D(1024, 3, activation = 'relu', padding = 'same', kernel_
initializer = 'he_normal')(conv5)
drop5 = Dropout(0. 5)(conv5)
up6 = Conv2D(512, 2, activation = 'relu', padding = 'same', kernel_
initializer = 'he_normal')(UpSampling2D(size = (2,2))(drop5))
merge6 = merge([drop4,up6], mode ='concat', concat_axis = 3)
conv6 = Conv2D(512, 3, activation = 'relu', padding = 'same', kernel_
initializer = 'he_normal')(merge6)
conv6 = Conv2D(512, 3, activation = 'relu', padding = 'same', kernel_
initializer = 'he_normal')(conv6)
```

```
up7 = Conv2D(256, 2, activation = 'relu', padding = 'same', kernel_
initializer = 'he_normal')(UpSampling2D(size = (2,2))(conv6))
merge7 = merge([conv3,up7], mode = 'concat', concat_axis = 3)
conv7 = Conv2D(256, 3, activation = 'relu', padding = 'same', kernel_
initializer = 'he_normal')(merge7)
conv7 = Conv2D(256, 3, activation = 'relu', padding = 'same', kernel_
initializer = 'he_normal')(conv7)
up8 = Conv2D(128, 2, activation = 'relu', padding = 'same', kernel_
initializer = 'he_normal')(UpSampling2D(size = (2,2))(conv7))
merge8 = merge([conv2,up8], mode = 'concat', concat_axis = 3)
conv8 = Conv2D(128, 3, activation = 'relu', padding = 'same', kernel_
initializer = 'he_normal')(merge8)
conv8 = Conv2D(128, 3, activation = 'relu', padding = 'same', kernel_
initializer = 'he_normal')(conv8)
up9 = Conv2D(64, 2, activation = 'relu', padding = 'same', kernel_initializer
= 'he_normal')(UpSampling2D(size = (2,2))(conv8))
merge9 = merge([conv1,up9], mode = 'concat', concat_axis = 3)
conv9 = Conv2D(64, 3, activation = 'relu', padding = 'same', kernel_
initializer = 'he_normal')(merge9)
conv9 = Conv2D(64, 3, activation = 'relu', padding = 'same', kernel_
initializer = 'he_normal')(conv9)
conv9 = Conv2D(2, 3, activation = 'relu', padding = 'same', kernel_
initializer = 'he_normal')(conv9)
conv10 = Conv2D(1, 1, activation = 'sigmoid')(conv9)
model = Model(input = inputs, output = conv10)
model.compile(optimizer = Adam(lr = 1e-4), loss = 'binary_crossentropy',
metrics = ['accuracy'])
return model
```

训练函数：载入保存的权重，再对权重进行进一步的调整

```
def train(self):
print("loading data")
imgs_train, imgs_mask_train = self.load_data()
print("loading data done")
model = self.get_unet()
model.load_weights('unet.hdf5')
print("got unet")
model_checkpoint = ModelCheckpoint('unet.hdf5', monitor = 'loss', verbose = 1,
save_best_only = True)
print('Fitting model...')
model.fit(imgs_train, imgs_mask_train, batch_size = 4, nb_epoch = 50, verbose
= 1, validation_split = 0.01, shuffle = True, callbacks = [model_checkpoint])
'''
```

调用训练 U – Net 的函数,通过修改 Class dataProcess 中保存的地址可以载入不同的数据集,通过调整参数训练,得到四个精度较高的模型:分割水体,分割水体污染物,分割建筑物及阴影,分割丘陵区域。
'''

```
if __name__ == '__main__':
myunet = myUnet()
myunet.train()
```

Part 3：对 U – Net 训练得到的模型进行测试
第一步：切割测试图像

```
#  对需要预测的图像进行滑窗切割,得到 482×482 像素的图像,将
30 像素点宽的边缘进行镜像翻转,得到 512×512 像素的预测图像。
image = imread(['/home/users/shantou_dataset/result/GF2_PMS1_E116.7_
N23.5_20170405_L1A0002287748/' 'band4 – GF2_PMS1_E116.7_N23.5_
20170405_L1A0002287748.jpg']);
name = strsplit('NNDiffusePanSharpening6.jpg','.');
new_name = [name{1} '.jpg'];
```

```
[m,n,w] = size(image);
for j = 1:floor(m/452)
for k = 1:floor(n/452)
            fig = image((j - 1) * 452 + 1:j * 452,(k - 1) * 452 + 1:k
* 452,:);

            img = zeros(452,452,3);
            img(31:482,31:482,:) = fig;
            J1 = flipdim(fig,1);%原图像的水平镜像
            J2 = flipdim(fig,2);%原图像的垂直镜像
            J3 = flipdim(flipdim(fig,2),1);%原图像的水平垂直镜像
            img(483:512,31:482,:) = J1(1:30,:,:);
            img(1:30,31:482,:) = J1(423:452,:,:);
            img(31:482,1:30,:) = J2(:,423:452,:);
            img(31:482,483:512,:) = J2(:,1:30,:);
            img(1:30,1:30,:) = J3(423:452,423:452,:);
            img(483:512,483:512,:) = J3(1:30,1:30,:);
            img(1:30,483:512,:) = J3(423:452,1:30,:);
            img(483:512,1:30,:) = J3(1:30,423:452,:);
            str = [num2str(j)'_'];
            str = [str   num2str(k)];
            str = [str'_'];
            fig_new_name = [str new_name];
            imwrite(uint8(img),['/home/wangrui/test_band4/1_' fig_new_
name]);
            fig = image(m-j * 452 + 1:m - (j - 1) * 452,n-k * 452 +
1:n - (k - 1) * 452,:);

            img = zeros(452,452,3);
            img(31:482,31:482,:) = fig;
            J1 = flipdim(fig,1);%原图像的水平镜像
```

```matlab
J2 = flipdim(fig,2);%原图像的垂直镜像
J3 = flipdim(flipdim(fig,2),1);%原图像的水平垂直镜像
img(483:512,31:482,:) = J1(1:30,:,:,:);
img(1:30,31:482,:) = J1(423:452,:,:,:);
img(31:482,1:30,:) = J2(:,423:452,:);
img(31:482,483:512,:) = J2(:,1:30,:);
img(1:30,1:30,:) = J3(423:452,423:452,:);
img(483:512,483:512,:) = J3(1:30,1:30,:);
img(1:30,483:512,:) = J3(423:452,1:30,:);
img(483:512,1:30,:) = J3(1:30,423:452,:);
imwrite(uint8(img),['/home/wangrui/test_band4/2_' fig_new_
```
name]);
```matlab
        end
end
```

第二步：测试 U – Net 网络

```python
from unet import *
from data import *
```
#定义输入图像的尺寸
```python
mydata = dataProcess(512,512)
```
#读取测试的图像
```python
npy_path = "/home/users/water-unet-master/unet-master/data/npydata"
imgs_test = np.load(npy_path + "/imgs_test.npy")
imgs_test = imgs_test.astype('float32')
imgs_test /= 255
```
#构建 U – Net 网络，载入网络权重
```python
myunet = myUnet()
model = myunet.get_unet()
model.load_weights('unet.hdf5')
```
#将测试图像输入 U – Net 网络得到掩膜

```python
imgs_mask_test = model.predict(imgs_test, batch_size=1, verbose=1)
np.save('imgs_mask_test.npy', imgs_mask_test)
# 重新命名得到的掩膜，使其和测试图像一一对应
imgs = np.load('imgs_mask_test.npy')
for i in range(imgs.shape[0]):
    img = imgs[i]
    img = array_to_img(img)
    img.save("/home/users/water-unet-master/unet-master/results/%d.jpg" % (i))
imgs = glob.glob("/home/users/water-unet-master/unet-master/data/test" + "/*.jpg")
i = 0
for imgname in imgs:
    midname = imgname[imgname.rindex("/") + 1:]
        print(midname);
img = load_img("/home/users/water-unet-master/unet-master/results/%d.jpg" % (i), grayscale=True)
        i = i + 1
img.save("/home/users/water-unet-master/unet-master/results_rename/" + midname)
```

附录 C　高分数据的变化检测案例 Python 代码

Part1：导入 Python 包、训练参数设置及相关处理

第一步：导入 Python 包

```python
# 必要包导入
import tensorflow as tf
import tensorflow.contrib as contrib
import keras.backend as K
import argparse
import os
from tensorflow.python import debug as tf_debug
import numpy as np
import re
import glob
import time
import warnings
warnings.filterwarnings("ignore")
import zipfile
from skimage import util
from PIL import Image
import numpy as np
import torch
import cv2
from torch.autograd import Variable
import pydensecrf.densecrf as dcrf
from pydensecrf.utils import compute_unary, reate_pairwise_bilateral, create_
```

pairwise_gaussian，unary_from_softmax

第二步：设置训练参数

训练全局参数设置

```
TRAIN_SET_NAME = 'train_set.tfrecords'
SNAPSHOT_PREFIX = "LSTMCONV"
INPUT_IMG_WIDE, INPUT_IMG_HEIGHT, INPUT_IMG_CHANNEL = 512,
512, 3
OUTPUT_IMG_WIDE, OUTPUT_IMG_HEIGHT, OUTPUT_IMG_CHANNEL = 512,
512, 2
EPOCH_NUM = 180
train_NUM = 5313
num_classes = 2
TRAIN_BATCH_SIZE = 3
STEP_NUM = train_NUM * EPOCH_NUM/TRAIN_BATCH_SIZE
initial_global_step = STEP_NUM
max_iters = 200000
VALIDATION_BATCH_SIZE = 1
TEST_SET_SIZE = 30
TEST_BATCH_SIZE = 1
PREDICT_BATCH_SIZE = 1
initial_learning_rate = 1e - 4
end_learning_rate = 1e - 6
POWER = 1
MOMENTUM = 0.9
GAMMA = 0.1
EPS = 1e - 5
FLAGS = None
CLASS_NUM = 2
config = tf.ConfigProto()
```

```
config.gpu_options.allow_growth = True
session = tf.Session(config = config)
num_layers = 2
WEIGHT_DECAY = 5e - 4
```

文件检视代码

```
deflistdir_nohidden(path):
    for f in os.listdir(path):
        ifnot f.startswith('.'):
            yield f
```

第三步：图像预处理及掩膜后处理

图片裁剪子函数

```
defcut_img(NotAdName,name,savepath,W,H,EXPAND):
    NotAdName = NotAdName.strip(os.path.splitext(NotAdName)[1])
    ifnot os.path.exists(savepath):
        os.mkdir(savepath)
    ifnot os.path.exists(os.path.join(savepath,NotAdName)):
        os.mkdir(os.path.join(savepath,NotAdName))
    dirAddress = NotAdName # there is equal
    img = Image.open(name)
    size = img.size
    _img = Image.new('RGB',(size[0] + EXPAND * 2,size[1] + EXPAND *
2))
    _img.paste(img,(EXPAND,EXPAND))
    for i in range(size[0]//W + 1):
        for j in range(size[1]//H + 1):
            _dog = _img.crop((i * W,
                              j * H,
                              (i + 1) * W + EXPAND * 2,
```

$$(j + 1) * H + EXPAND * 2$$

$$))$$

$$s = name.split('/')[-2].split('.')[0]$$

```
print(time.strftime("%Y-%m-%d %H:%M:%S", time.localtime()),' end
program…………')
```

图片裁剪接口函数

```
defcut_img_api(filename,file,savepath):
    W = 256
    H = 256
    EXPAND = 128
    parm = {'NotAdName':filename,
'name':file,
'savepath':savepath,
'W':W,
'H':H,
'EXPAND':EXPAND
            }
cut_img(* * parm)
```

crf 后处理函数

```
defcrf(img, prob):
    func_start = time.time()
    img = np.swapaxes(img,0, 2)
# img.shape:(width, height, num of channels)
    num_iter = 5
    prob = np.swapaxes(prob,1, 2)    # shape:(1, width, height)
    num_classes = 2
    probs = np.tile(prob, (num_classes,1, 1))    # shape:(2, width,
```

```
height)
    probs[0] = np.subtract(1, prob)  # class 0 is background
    probs[1] = prob                    # class 1 is car
    d = dcrf.DenseCRF(img.shape[0] * img.shape[1], num_classes)
    unary = unary_from_softmax(probs)  # shape: (num_classes, width *
height)
    unary = np.ascontiguousarray(unary)
    d.setUnaryEnergy(unary)
    feats = create_pairwise_gaussian(sdims = (15, 15), shape = img.shape[:
2])
    d.addPairwiseEnergy(feats, compat = 3,
                               kernel = dcrf.DIAG_KERNEL,
                               normalization = dcrf.NORMALIZE_SYMMETRIC)
    feats = create_pairwise_bilateral(sdims = (50, 50), schan = (20, 20,
20),
                                          img = img, chdim = 2)
    d.addPairwiseEnergy(feats, compat = 15,
                               kernel = dcrf.DIAG_KERNEL,
                               normalization = dcrf.NORMALIZE_SYMMETRIC)
    Q = d.inference(num_iter)  # 设置迭代次数,势函数确认
    res = np.argmax(Q, axis = 0).reshape((img.shape[0], img.shape[1]))
    res = np.swapaxes(res, 0, 1)   # res.shape:    (height, width)
    res = res[np.newaxis, :, :]  # res.shape: (1, height, width)
    func_end = time.time()
return res


# 掩膜后处理覆盖显示函数
defapply_mask(image, mask, color, alpha = 0.5):
for c in range(3):
```

```
image[:,:,c] = np.where(mask > 0,
                    image[:,:,c] * (1 - alpha) + alpha *
color[c],
                    image[:,:,c])
return image
```

像素点 Softmax 数学处理函数

```
defpixel_wise_softmax(output_map):
with tf.name_scope("pixel_wise_softmax"):
        max_axis = tf.reduce_max(output_map, axis = 3, keepdims = True)
        exponential_map = tf.exp(output_map - max_axis)
        normalize = tf.reduce_sum(exponential_map, axis = 3, keepdims = True)
return exponential_map / normalize
```

Part 2：网络的训练

第一步：数据读取

tfrecords 数据读取函数

```
defread_check_tfrecords():
import cv2
    train_file_path = os.path.join(FLAGS.data_dir, TRAIN_SET_NAME)
    train_image_filename_queue = tf.train.string_input_producer(
        string_tensor = tf.train.match_filenames_once(train_file_path), num_epochs = 1, shuffle = True)
    train_images_1, train_images_2, train_labels = read_image(train_image_filename_queue)
with tf.Session() as sess:
        sess.run(tf.global_variables_initializer())
        sess.run(tf.local_variables_initializer())
        coord = tf.train.Coordinator()
```

```
            threads = tf.train.start_queue_runners(coord = coord)
            example1,example2, label = sess.run([train_images_1,train_images_
2, train_labels])
            ad255 = (label/label.max()).astype(np.int8)
            print("----ad255----")
            print(ad255)
            one_hot_labels = tf.to_float(tf.one_hot(indices = ad255, depth =
CLASS_NUM))
```

标注图进行 onehot 转化

```
            one_hot = sess.run(one_hot_labels)
            print(label)
            print("-------------")
            print(one_hot)
            one_hot = np.argmax(one_hot, axis = 2)
            one_hot = one_hot * 255
            print(one_hot.shape)
            print(one_hot)
            print(label.dtype)
            print(one_hot.dtype)
# cv2.imshow('image1', example1)
# cv2.imshow('image2', example2)
            cv2.imshow('lael', label * 100)
            cv2.imshow('laelonehot', one_hot * 255)
            cv2.waitKey(0)
        print("Done reading and checking")
```

平均 IOU 训练计算函数

```
defcompute_mean_iou(total_cm, name = 'mean_iou'):
  """Compute the mean intersection-over-union via the confusion matrix."""
```

```
        sum_over_row = tf.to_float(tf.reduce_sum(total_cm,0))

        sum_over_col = tf.to_float(tf.reduce_sum(total_cm,1))

        cm_diag = tf.to_float(tf.diag_part(total_cm))

        denominator = sum_over_row + sum_over_col - cm_diag

        num_valid_entries = tf.reduce_sum(tf.cast(
                tf.not_equal(denominator,0), dtype=tf.float32))


        denominator = tf.where(
            tf.greater(denominator,0),
            denominator,
            tf.ones_like(denominator))
        iou = tf.div(cm_diag, denominator)


for i in range(num_classes):
                tf.identity(iou[i], name='train_iou_class{}'.format(i))
                tf.summary.scalar('train_iou_class{}'.format(i), iou[i])


#  If the number of valid entries is 0 (no classes) we return 0.
        result = tf.where(
            tf.greater(num_valid_entries,0),
            tf.reduce_sum(iou, name=name) / num_valid_entries,
0)
return result
```

特征层进行层间裁剪和连接

```
defcrop_and_concat(x1,x2):
with tf.name_scope("crop_and_concat"):
                x1_shape = tf.shape(x1)
                x2_shape = tf.shape(x2)
```

```
# offsets for the top left corner of the crop
        offsets = [0, (x1_shape[1] - x2_shape[1]) // 2, (x1_shape
[2] - x2_shape[2]) // 2, 0]
        size = [-1, x2_shape[1], x2_shape[2], -1]
        x1_crop = tf.slice(x1, offsets, size)
return tf.concat([x1_crop, x2], 3)
```

图片序列流调入

```
def read_image(file_queue):
    reader = tf.TFRecordReader()
    _, serialized_example = reader.read(file_queue)
    features = tf.parse_single_example(
        serialized_example,
        features = {
'label': tf.FixedLenFeature([], tf.string),
'image_raw_1': tf.FixedLenFeature([], tf.string),
'image_raw_2': tf.FixedLenFeature([], tf.string)
            })

    image1 = tf.decode_raw(features['image_raw_1'], tf.uint8)
    image1 = tf.reshape(image1, [INPUT_IMG_WIDE, INPUT_IMG_HEIGHT,
INPUT_IMG_CHANNEL])

    image2 = tf.decode_raw(features['image_raw_2'], tf.uint8)
    image2 = tf.reshape(image2, [INPUT_IMG_WIDE, INPUT_IMG_HEIGHT,
INPUT_IMG_CHANNEL])
    image1 = tf.image.convert_image_dtype(image1, dtype = tf.float32)
    image2 = tf.image.convert_image_dtype(image2, dtype = tf.float32)
```

```
        label = tf.decode_raw(features['label'], tf.uint8)
        label = tf.cast(label, tf.uint8)
        label = tf.reshape(label, [OUTPUT_IMG_WIDE, OUTPUT_IMG_HEIGHT])
return image1, image2, label


defread_image_batch(file_queue, batch_size):
    img_before, img_after, label = read_image(file_queue)
    min_after_dequeue = 2000
    capacity = 4000
        image_batch_before, image_batch_after, label_batch = tf.train.shuffle_
batch(
        tensors = [img_before, img_after, label], batch_size = batch_size,
        capacity = capacity, min_after_dequeue = min_after_dequeue)
    label_batch = tf.cast(label_batch/255, tf.uint8)
    one_hot_labels = tf.to_float(tf.one_hot(indices = label_batch, depth =
CLASS_NUM))
return image_batch_before, image_batch_after, one_hot_labels
```

第二步：定义网络
前向的 LSTM 网络层定义

```
deflstm_cell_fw(result_dropout, output_channel, keep_prob):
        cell = contrib.rnn.ConvLSTMCell(conv_ndims = 2, input_shape = [result_
dropout.shape[1], result_dropout.shape[2], result_dropout.shape[3]], output_
channels = output_channel, kernel_shape = [3, 3], use_bias = True,
                skip_connection = False,
                forget_bias = 1.0,
                initializers = None,
                name = "conv_lstm_cell")
return contrib.rnn.DropoutWrapper(cell, output_keep_prob = keep_prob)
```

tversky 注意力交叉熵函数

```
deftversky(y_true, y_pred):
    smooth = 1.0
    y_true_pos = tf.slice(y_true,[0,1],[y_true.shape[0],1])
    y_pred_pos = tf.slice(y_pred,[0,1],[y_pred.shape[0],1])
    y_true_pos = K.flatten(y_true)
    y_pred_pos = K.flatten(y_pred)
    true_pos = K.sum(y_true_pos * y_pred_pos)
    false_neg = K.sum(y_true_pos * (1 - y_pred_pos))
    false_pos = K.sum((1 - y_true_pos) * y_pred_pos)
    alpha = 0.3
return (true_pos + smooth)/(true_pos + alpha * false_neg + (1 - alpha) *
false_pos + smooth)


deffocal_tversky(y_true,y_pred):
    pt_1 = tversky(y_true, y_pred)
    gamma = 0.7
return K.pow((1 - pt_1), gamma)
```

LSTMUnet 网络类定义

```
classLSTMUnet:
```
类参数初始化
```
def__init__(self):
        print('New U - net Network')
        self.input_image = None
        self.input_label = None
        self.cast_image = None
        self.cast_label = None
        self.keep_prob = None
```

```
        self.batch = None

        self.show1 = None

        self.show2 = None

        self.learning_rate = None

        self.mean_iou = None

        self.lamb = None

        self.result_expand = None

        self.is_traing = None

        self.loss, self.loss_mean, self.loss_all, self.train_step = [None] * 4

        self.prediction, self.correct_prediction, self.accuracy = [None] * 3

        self.result_conv = {}

        self.result_elu = {}

        self.result_maxpool = {}

        self.result_from_contract_layer = {}

        self.result_from_contract_layer_after = {}

        self.w = {}

        self.b = {}


def init_w(self, shape, name):
with tf.name_scope('init_w'):
            stddev = tf.sqrt(x = 2 / (shape[0] * shape[1] * shape
[2]))
# stddev = 0.01
            w = tf.Variable(initial_value = tf.truncated_normal(shape =
shape, stddev = stddev, dtype = tf.float32), name = name)
            tf.add_to_collection(name = 'loss', value = tf.contrib.layers.l2_
regularizer(self.lamb)(w))
return w
```

```
    @staticmethod
def init_b(shape, name):
    with tf.name_scope('init_b'):
        return tf.Variable(initial_value = tf.random_normal(shape = shape, dtype = tf.float32), name = name)
```

BatchNormal 层参数与结构定义

```
    @staticmethod
def batch_norm(x, is_training, eps = EPS, decay = 0.99, affine = True, name = 'BatchNorm2d'):
    from tensorflow.python.training.moving_averages import assign_moving_average
    with tf.variable_scope(name):
            params_shape = x.shape[-1:]
            moving_mean = tf.get_variable(name = 'mean', shape = params_shape, initializer = tf.zeros_initializer, trainable = False)
            moving_var = tf.get_variable(name = 'variance', shape = params_shape, initializer = tf.ones_initializer, trainable = False)

def mean_var_with_update():
                mean_this_batch, variance_this_batch = tf.nn.moments(x, list(range(len(x.shape) - 1)), name = 'moments')
    with tf.control_dependencies([
                    assign_moving_average(moving_mean, mean_this_batch, decay),
                    assign_moving_average(moving_var, variance_this_batch, decay)
                ]):
    return tf.identity(mean_this_batch), tf.identity(variance_this_batch)
            mean, variance = tf.cond(is_training, mean_var_with_update, lambda: (moving_mean, moving_var))
```

```python
if affine:
                        beta = tf.get_variable('beta', params_shape, initializer = tf.
zeros_initializer)
                            gamma = tf.get_variable('gamma', params_shape,
initializer = tf.ones_initializer)
                                normed = tf.nn.batch_normalization(x, mean = mean,
variance = variance, offset = beta, scale = gamma, variance_epsilon = eps)
else:
                                normed = tf.nn.batch_normalization(x, mean = mean,
variance = variance, offset = None, scale = None,    variance_epsilon = eps)
return normed
    @staticmethod
defconv(w, bias,):
return


# 网络结构具体定义
defset_up_unet(self, batch_size):
        down_lay = {}
# 网络输入
with tf.name_scope('input'):
# learning_rate = tf.train.exponential_decay()
            self.input_image_1 = tf.placeholder(
                dtype = tf.float32, shape = [batch_size, INPUT_IMG_
WIDE, INPUT_IMG_WIDE, INPUT_IMG_CHANNEL], name = 'input_images_1')
            self.input_image_2 = tf.placeholder(
                dtype = tf.float32, shape = [batch_size, INPUT_IMG_
WIDE, INPUT_IMG_WIDE, INPUT_IMG_CHANNEL], name = 'input_images_2')
            self.input_label = tf.placeholder(
                dtype = tf.float32, shape = [batch_size, OUTPUT_IMG_
```

```
WIDE, OUTPUT_IMG_WIDE,OUTPUT_IMG_CHANNEL], name = 'input_labels'
            )
            self.keep_prob = tf.placeholder(dtype = tf.float32, name = 'keep_
prob')
            self.lamb = tf.placeholder(dtype = tf.float32, name = 'lambda')
            self.is_traing = tf.placeholder(dtype = tf.bool, name = 'is_
traing')
            normed_batch_1 = self.batch_norm(x = self.input_image_1, is_
training = self.is_traing, name = 'input_1')
            normed_batch_1 = tf.nn.elu(normed_batch_1, name = 'input_1_
elu')
            normed_batch_2 = self.batch_norm(x = self.input_image_2, is_
training = self.is_traing, name = 'input_2')
            normed_batch_2 = tf.nn.elu(normed_batch_2, name = 'input_2_
elu')


# 以下为网络各层间定义关系
# 特征压缩
# layer 1(out 256)
with tf.name_scope('layer_1'):
# conv_1
            self.w[1] = self.init_w(shape = [3, 3, INPUT_IMG_
CHANNEL, 64], name = 'w_1')
            result_conv_1 = tf.nn.conv2d(
                input = normed_batch_1, filter = self.w[1], strides = [1,
1, 1, 1], padding = 'SAME', name = 'conv_1')
            normed_batch = self.batch_norm(x = result_conv_1, is_training
= self.is_traing, name = 'layer_1_conv_1')
            result_elu_1 = tf.nn.elu(normed_batch, name = 'elu_1')
```

```
# - - - - - - - - - -
        self.w[31] = self.init_w(shape = [3, 3, INPUT_IMG_
CHANNEL, 64], name = 'w_31')
        result_conv_1_after = tf.nn.conv2d(
            input = normed_batch_2, filter = self.w[31], strides = [1,
1, 1, 1], padding = 'SAME', name = 'conv_1_after')
        normed_batch = self.batch_norm(x = result_conv_1_after, is_
training = self.is_traing, name = 'layer_1_conv_1_after')
        result_elu_1_after = tf.nn.elu(normed_batch, name = 'elu_1_
after')
        down_lay["input_512"] = result_conv_1
        self.w[41] = self.init_w(shape = [3, 3, 128, 64], name =
'w_41')
        down_lay["input_512_confuse"] = tf.nn.elu(self.batch_norm(x
= tf.nn.conv2d(
            input = crop_and_concat(result_conv_1, result_elu_1_
after), filter = self.w[41], strides = [1, 1, 1, 1],
                padding = 'SAME', name = 'conv_1_confuse'), is_training =
self.is_traing, name = 'layer_1_confuse'), name = 'elu_1_confuse')


# conv_2
        self.w[2] = self.init_w(shape = [3, 3, 64, 64], name = 'w_
2')
        result_conv_2 = tf.nn.conv2d(
            input = result_elu_1, filter = self.w[2], strides = [1, 1,
1, 1], padding = 'SAME', name = 'conv_2')
        normed_batch = self.batch_norm(x = result_conv_2, is_training
= self.is_traing, name = 'layer_1_conv_2')
        result_elu_2 = tf.nn.elu(features = normed_batch, name = 'elu_
```

```
2')
# self.result_from_contract_layer[1] = result_elu_2
          self.w[32] = self.init_w(shape=[3, 3, 64, 64], name='w
_32')
              result_conv_2_after = tf.nn.conv2d(
                 input=result_elu_1_after, filter=self.w[32], strides=
[1, 1, 1, 1], padding='SAME', name='conv_2_after')
              normed_batch = self.batch_norm(x=result_conv_2_after, is_
training=self.is_traing, name='layer_1_conv_2_after')
              result_elu_2_after = tf.nn.elu(features=normed_batch, name=
'elu_2_after')
# self.result_from_contract_layer_after[1] = result_elu_2_after
              result_maxpool = tf.nn.max_pool(
                 value=result_elu_2, ksize=[1, 2, 2, 1],
                    strides=[1, 2, 2, 1], padding='VALID', name=
'maxpool')
              result_dropout = tf.nn.dropout(x=result_maxpool, keep_prob=
self.keep_prob)
              result_maxpool_after = tf.nn.max_pool(
                 value=result_elu_2_after, ksize=[1, 2, 2, 1],
                    strides=[1, 2, 2, 1], padding='VALID', name=
'maxpool')
              result_dropout_after = tf.nn.dropout(x=result_maxpool_after,
keep_prob=self.keep_prob)
              down_lay["input_256"]=result_dropout
              self.w[42] = self.init_w(shape=[3, 3, 128, 64], name=
'w_42')
              down_lay["input_256_confuse"]=tf.nn.elu(self.batch_norm(x
=tf.nn.conv2d(
```

```
                input = crop_and_concat(result_dropout, result_dropout_
after), filter = self.w[42], strides = [1, 1, 1, 1],
                    padding = 'SAME', name = 'conv_2_confuse'), is_training =
self.is_traing, name = 'layer_2_confuse'), name = 'elu_2_confuse')


# layer 2(out 128)
with tf.name_scope('layer_2'):
# conv_1
                self.w[3] = self.init_w(shape = [3, 3, 64, 128], name = 'w
_3')
# self.b[3] = self.init_b(shape = [128], name = 'b_3')
                result_conv_1 = tf.nn.conv2d(
                    input = result_dropout, filter = self.w[3], strides = [1, 1,
1, 1], padding = 'SAME', name = 'conv_1')
                normed_batch = self.batch_norm(x = result_conv_1, is_training
= self.is_traing, name = 'layer_2_conv_1')
                result_elu_1 = tf.nn.elu(features = normed_batch, name = 'elu_
1')


# conv_2
                self.w[4] = self.init_w(shape = [3, 3, 128, 128], name =
'w_4')
# self.b[4] = self.init_b(shape = [128], name = 'b_4')
                result_conv_2 = tf.nn.conv2d(
                    input = result_elu_1, filter = self.w[4], strides = [1, 1,
1, 1], padding = 'SAME', name = 'conv_2')
                normed_batch = self.batch_norm(x = result_conv_2, is_training
= self.is_traing, name = 'layer_2_conv_2')
                result_elu_2 = tf.nn.elu(features = normed_batch, name = 'elu_
```

```
2')
                self.result_from_contract_layer[2] = result_elu_2
                result_maxpool = tf.nn.max_pool(
                    value = result_elu_2, ksize = [1, 2, 2, 1],
                        strides = [1, 2, 2, 1], padding = 'VALID', name =
'maxpool')
                result_dropout = tf.nn.dropout(x = result_maxpool, keep_prob =
self.keep_prob)
                down_lay["input_128"] = result_dropout
                self.w[33] = self.init_w(shape = [3, 3, 64, 128], name =
'w_33')

                result_conv_1_after = tf.nn.conv2d(
                    input = result_dropout_after, filter = self.w[33], strides =
[1, 1, 1, 1], padding = 'SAME', name = 'conv_1_after')
                normed_batch = self.batch_norm(x = result_conv_1_after, is_
training = self.is_traing, name = 'layer_2_conv_1_after')
                result_elu_1_after = tf.nn.elu(features = normed_batch, name =
'elu_1_after')


# conv_2
                self.w[34] = self.init_w(shape = [3, 3, 128, 128], name =
'w_34')

                result_conv_2_after = tf.nn.conv2d(
                    input = result_elu_1_after, filter = self.w[34], strides =
[1, 1, 1, 1], padding = 'SAME', name = 'conv_2_after')
                normed_batch = self.batch_norm(x = result_conv_2_after, is_
training = self.is_traing, name = 'layer_2_conv_2_after')
                result_elu_2_after = tf.nn.elu(features = normed_batch, name =
'elu_2_after')
```

```
            self.result_from_contract_layer_after[2] = result_elu_2_after
            result_maxpool_after = tf.nn.max_pool(
                value = result_elu_2_after, ksize = [1, 2, 2, 1],
                    strides = [1, 2, 2, 1], padding = 'VALID', name =
'maxpool_after')
                result_dropout_after = tf.nn.dropout(x = result_maxpool_after,
keep_prob = self.keep_prob)
                self.w[43] = self.init_w(shape = [3, 3, 256, 128], name =
'w_43')
                down_lay["input_128_confuse"] = tf.nn.elu(self.batch_norm(x
= tf.nn.conv2d(
                    input = crop_and_concat(result_dropout, result_dropout_
after), filter = self.w[43], strides = [1, 1, 1, 1],
                        padding = 'SAME', name = 'conv_3_confuse'), is_training =
self.is_traing, name = 'layer_3_confuse'), name = 'elu_3_confuse')


# layer 3(out 64)
with tf.name_scope('layer_3'):
# conv_1
                self.w[5] = self.init_w(shape = [3, 3, 128, 256], name =
'w_5')
# self.b[5] = self.init_b(shape = [256], name = 'b_5')
                result_conv_1 = tf.nn.conv2d(
                    input = result_dropout, filter = self.w[5], strides = [1, 1,
1, 1], padding = 'SAME', name = 'conv_1')
                normed_batch = self.batch_norm(x = result_conv_1, is_training
= self.is_traing, name = 'layer_3_conv_1')
                result_elu_1 = tf.nn.elu(features = normed_batch, name = 'elu_
1')
```

```
# conv_2
            self.w[6] = self.init_w(shape = [3, 3, 256, 256], name =
'w_6')

            result_conv_2 = tf.nn.conv2d(
                input = result_elu_1, filter = self.w[6], strides = [1, 1,
1, 1], padding = 'SAME', name = 'conv_2')

            normed_batch = self.batch_norm(x = result_conv_2, is_training
= self.is_traing, name = 'layer_3_conv_2')

            result_elu_2 = tf.nn.elu(features = normed_batch, name = 'elu_
2')

            self.result_from_contract_layer[3] = result_elu_2
            result_maxpool = tf.nn.max_pool(
                value = result_elu_2, ksize = [1, 2, 2, 1],
                strides = [1, 2, 2, 1], padding = 'VALID', name =
'maxpool')

            result_dropout = tf.nn.dropout(x = result_maxpool, keep_prob =
self.keep_prob)

            down_lay["input_64"] = result_dropout


# conv_1
            self.w[35] = self.init_w(shape = [3, 3, 128, 256], name =
'w_35')

            result_conv_1_after = tf.nn.conv2d(
                input = result_dropout_after, filter = self.w[35], strides =
[1, 1, 1, 1], padding = 'SAME', name = 'conv_1_after')

            normed_batch = self.batch_norm(x = result_conv_1_after, is_
training = self.is_traing, name = 'layer_3_conv_1_after')

            result_elu_1_after = tf.nn.elu(features = normed_batch, name =
```

```
'elu_1_after')


#  conv_2
        self.w[36] = self.init_w(shape=[3, 3, 256, 256], name=
'w_36')
        result_conv_2_after = tf.nn.conv2d(
            input=result_elu_1_after, filter=self.w[6], strides=[1,
1, 1, 1], padding='SAME', name='conv_2_after')
        normed_batch = self.batch_norm(x=result_conv_2_after, is_
training=self.is_traing, name='layer_3_conv_2_after')
        result_elu_2_after = tf.nn.elu(features=normed_batch, name=
'elu_2')
        self.result_from_contract_layer_after[3] = result_elu_2_after
        result_maxpool_after = tf.nn.max_pool(
            value=result_elu_2_after, ksize=[1, 2, 2, 1],
                strides=[1, 2, 2, 1], padding='VALID', name=
'maxpool_after')
        result_dropout_after = tf.nn.dropout(x=result_maxpool_after,
keep_prob=self.keep_prob)
        self.w[44] = self.init_w(shape=[3, 3, 512, 256], name=
'w_44')
        down_lay["input_64_confuse"]=tf.nn.elu(self.batch_norm(x=
tf.nn.conv2d(
            input=crop_and_concat(result_dropout, result_dropout_
after), filter=self.w[44], strides=[1, 1, 1, 1],
            padding='SAME', name='conv_4_confuse'), is_training=self.is
_traing, name='layer_4_confuse'), name='elu_4_confuse')
```

```
# layer 4 (bottom)
# RNN 网络定义
with tf.name_scope('lstmLayer'), tf.variable_scope("lstmLayer", reuse = tf.AUTO
_REUSE):
                inputs1 = tf.concat([tf.expand_dims(result_dropout,1), tf.expand
_dims(result_dropout_after, 1)],1)
cell = tf.contrib.rnn.MultiRNNCell([lstm_cell_fw(result_dropout,256,self.keep_
prob) for _ in range(num_layers)])
                initial_state = cell.zero_state(batch_size = batch_size, dtype = tf.
float32)
                outputs, final_state = tf.nn.dynamic_rnn(cell, inputs1, dtype =
tf.float32, time_major = False, initial_state = initial_state)
                outputs = tf.transpose(outputs,[1,0,2,3,4])
                output = outputs[-1]
                print("- - - - - - - - shape - - - - - - - - - ")
                print(output)
                self.w[13] = self.init_w(shape = [3, 3, 512, 256], name =
'w_10')
                conv64And64 = crop_and_concat(down_lay[" input_64_
confuse"],output)
                result_conv_2 = tf.nn.conv2d(
                        input = conv64And64, filter = self.w[13], strides = [1,
1, 1, 1], padding = 'SAME', name = 'conv_2')
                normed_batch = self.batch_norm(x = result_conv_2, is_training
= self.is_traing, name = 'layer_6_conv_2')
                result_elu_2 = tf.nn.elu(features = normed_batch, name = 'elu_
2')


# 以下为特征扩展层
```

```
#  up sample 反卷积 1
            self.w[14] = self.init_w(shape = [2, 2, 128, 256], name =
'w_11')
#  self.b[14] = self.init_b(shape = [256], name = 'b_11')
            result_up = tf.nn.conv2d_transpose(
                value = result_elu_2, filter = self.w[14],
                output_shape = [batch_size, 128, 128, 128],
                strides = [1, 2, 2, 1], padding = 'VALID', name = 'Up_
Sample')
            normed_batch = self.batch_norm(x = result_up, is_training =
self.is_traing, name = 'layer_6_conv_up')
            result_elu_3 = tf.nn.elu(features = normed_batch, name = 'elu_
3')
            result_dropout = tf.nn.dropout(x = result_elu_3, keep_prob =
self.keep_prob)
with tf.name_scope('layer_7'):
#  conv_2
            conv128And128 = crop_and_concat(down_lay[" input_128_
confuse"], result_dropout)
            self.w[16] = self.init_w(shape = [3, 3, 256, 128], name =
'w_10')
#  self.b[16] = self.init_b(shape = [256], name = 'b_10')
            result_conv_2 = tf.nn.conv2d(
                input = conv128And128, filter = self.w[16], strides = [1,
1, 1, 1], padding = 'SAME', name = 'conv_2')
            normed_batch = self.batch_norm(x = result_conv_2, is_training
= self.is_traing, name = 'layer_7_conv_2')
            result_elu_2 = tf.nn.elu(features = normed_batch, name = 'elu_
2')
```

```
# up sample 反卷积 2
            self.w[17] = self.init_w(shape = [2, 2, 64, 128], name =
'w_11')
# self.b[17] = self.init_b(shape = [128], name = 'b_11')
            result_up = tf.nn.conv2d_transpose(
                value = result_elu_2, filter = self.w[17],
                output_shape = [batch_size,256, 256, 64],
                strides = [1, 2, 2, 1], padding = 'VALID', name = 'Up_
Sample')
            normed_batch = self.batch_norm(x = result_up, is_training =
self.is_traing, name = 'layer_7_up')
            result_elu_3 = tf.nn.elu(features = normed_batch, name = 'elu_
3')
            result_dropout = tf.nn.dropout(x = result_elu_3, keep_prob =
self.keep_prob)
with tf.name_scope('layer_8'):
            conv256And256 = crop_and_concat(down_lay["input_256_
confuse"],result_dropout)
            self.w[19] = self.init_w(shape = [3, 3, 128, 64], name =
'w_10')
# self.b[19] = self.init_b(shape = [128], name = 'b_10')
            result_conv_2 = tf.nn.conv2d(
                input = conv256And256, filter = self.w[19], strides = [1,
1, 1, 1], padding = 'SAME', name = 'conv_2')
            normed_batch = self.batch_norm(x = result_conv_2, is_training
= self.is_traing, name = 'layer_8_conv_2')
            result_elu_2 = tf.nn.elu(features = normed_batch, name = 'elu_
2')
```

```python
# up sample 反卷积 3
                self.w[20] = self.init_w(shape = [2, 2, 32, 64], name = 'w
_11')
# self.b[20] = self.init_b(shape = [64], name = 'b_11')
                result_up = tf.nn.conv2d_transpose(
                    value = result_elu_2, filter = self.w[20],
                    output_shape = [batch_size, 512, 512, 32],
                    strides = [1, 2, 2, 1], padding = 'VALID', name = 'Up_
Sample')

                normed_batch = self.batch_norm(x = result_up, is_training =
self.is_traing, name = 'layer_8_up')

                result_elu_3 = tf.nn.elu(features = normed_batch, name = 'elu_
3')

                result_dropout = tf.nn.dropout(x = result_elu_3, keep_prob =
self.keep_prob)
with tf.name_scope('layer_9'):
                conv512And512 = crop_and_concat(down_lay[" input_512_
confuse"], result_dropout)
# conv_2
                self.w[22] = self.init_w(shape = [3, 3, 96, 32], name = 'w
_10')

                result_conv_2 = tf.nn.conv2d(
                    input = conv512And512, filter = self.w[22], strides = [1,
1, 1, 1], padding = 'SAME', name = 'conv_2')

                normed_batch = self.batch_norm(x = result_conv_2, is_training
= self.is_traing, name = 'layer_9_conv_2')

                result_elu_2 = tf.nn.elu(features = normed_batch, name = 'elu_
2')
```

```
        result_dropout = tf.nn.dropout(x = result_elu_2, keep_prob =
self.keep_prob)

        self.w[23] = self.init_w(shape = [1, 1, 32, CLASS_NUM],
name = 'w_11')
        self.b[23] = self.init_b(shape = [CLASS_NUM], name = 'b_
11')

        result_conv_3 = tf.nn.conv2d(
            input = result_elu_2, filter = self.w[23],
            strides = [1, 1, 1, 1], padding = 'VALID', name = 'conv_
3')

        normed_batch = self.batch_norm(x = result_conv_3, is_training
= self.is_traing, name = 'layer_9_conv_3')

        self.prediction = tf.nn.elu(tf.nn.bias_add(normed_batch, self.b
[23], name = 'add_bias'), name = 'elu_3')
        out = tf.argmax(pixel_wise_softmax(self.prediction), axis = 3)
        tf.add_to_collection('network - predict', out)
```

loss 计算与前向训练
```
with tf.name_scope('softmax_loss'):
        labelto_reshape = tf.cast(tf.reshape(self.input_label, [-1, 2]),
dtype = tf.float32)
        maskto_reshape_softmax = tf.reshape(pixel_wise_softmax(self.
prediction), [-1, 2])
        mask_cross_entropy = focal_tversky(labelto_reshape, maskto_
reshape_softmax)
        mask_cross_entropy = tf.reduce_mean(mask_cross_entropy, name
= 'mask_cross_entropy')
```

```python
            self.loss = mask_cross_entropy
            train_var_list = [vfor v in tf.trainable_variables() if'beta'notin v.
name and'gamma'notin v.name]


            regularization_loss = (WEIGHT_DECAY) * tf.add_n(
        [tf.nn.l2_loss(v)for v in train_var_list])
            self.loss_mean = tf.reduce_mean(self.loss) + regularization_loss
            tf.add_to_collection(name = 'loss', value = self.loss_mean)
            self.loss_all = tf.add_n(inputs = tf.get_collection(key = 'loss'))


# accuracy 计算
with tf.name_scope('accuracy'):
# using one - hot
# self.correct_prediction = tf.equal(tf.argmax(self.prediction, axis = 3), tf.
argmax(self.cast_label, axis = 3))


# not using one - hot
'''
            self.correct_prediction = \
                    tf.equal(tf.argmax(input = self.prediction, axis = 3, output_
type = tf.int32), self.input_label)
                self.correct_prediction = tf.cast(self.correct_prediction, tf.
float32)
            self.accuracy = tf.reduce_mean(self.correct_prediction)
            '''
            correct_pred = tf.equal(tf.argmax(labelto_reshape, 1), tf.argmax
(maskto_reshape_softmax, 1))
                mean_iou = tf.metrics.mean_iou(tf.argmax(labelto_reshape, 1),
tf.argmax(maskto_reshape_softmax, 1), num_classes)
```

```
        self.mean_iou = tf.reduce_mean(tf.cast(compute_mean_iou(mean
_iou[1]), tf.float32))
        self.accuracy = tf.reduce_mean(tf.cast(correct_pred, tf.float32))
```

Gradient Descent 梯度计算

```
with tf.name_scope('Gradient_Descent'): # poly
        global_step = tf.train.get_or_create_global_step()
        self.show1 = global_step
        self.learning_rate = tf.train.polynomial_decay(initial_learning_
rate, global_step, max_iters, end_learning_rate, POWER)
        self.show2 = self.learning_rate
        train_var_list = [vfor v in tf.trainable_variables() if'beta'notin v.
name and'gamma'notin v.name]
        optimizer = tf.train.MomentumOptimizer(learning_rate = self.
learning_rate, momentum = MOMENTUM)
        self.train_step = optimizer.minimize(self.loss_all, global_step, var_list
= train_var_list)
```

第三步：网络训练

训练函数定义

```
deftrain(self):
```

训练路径确定,调试 summary 定义

```
        train_file_path = os.path.join(FLAGS.data_dir, TRAIN_SET_NAME)
        train_image_filename_queue = tf.train.string_input_producer(
                string_tensor = tf.train.match_filenames_once(train_file_path),
num_epochs = EPOCH_NUM, shuffle = True)
        ckpt_path = os.path.join(FLAGS.model_dir,"model.ckpt") # address
model 地址
        train_images_before,train_images_after, train_labels = read_image_
```

```
batch(train_image_filename_queue, TRAIN_BATCH_SIZE)
        tf.summary.scalar("loss", self.loss_mean)
        tf.summary.scalar('accuracy_real', self.accuracy)
        tf.summary.scalar('mean_iou', self.mean_iou)
        tf.summary.scalar("learning_rate",self.learning_rate)
        tf.summary.image("input_image_1",self.input_image_1)
        tf.summary.image("input_image_2",self.input_image_2)


        labelPic = tf.cast(tf.argmax(self.input_label, axis = 3),tf.float32)
        labelPic = tf.expand_dims(labelPic, - 1)
        tf.summary.image("input_label",labelPic)
        picdictPic = tf.cast(tf.argmax(pixel_wise_softmax(self.prediction), axis
= 3),tf.float32)
        picdictPic = tf.expand_dims(picdictPic, - 1)



        tf.summary.image("predict_image",picdictPic)
        merged_summary = tf.summary.merge_all()
        all_parameters_saver = tf.train.Saver(max_to_keep = 3)
        ckpt = tf.train.get_checkpoint_state(FLAGS.model_dir + '/')
if ckpt and ckpt.model_checkpoint_path:
            sfiles = os.path.join(FLAGS.model_dir,'model - * .meta')
            sfiles = glob.glob(sfiles)
            sfiles.sort(key = os.path.getmtime)
            pattern = re.compile('([^#] + ) - ([^#] + )')
            match = pattern.search(sfiles[ - 1]).group(2).strip(".meta")
            epoch = int(match)
else:
        epoch = 1
```

```
# 开始训练会话
with tf.Session() as sess:
    if epoch! = 1:
                    all_parameters_saver.restore(sess, ckpt.model_checkpoint_
path)
                    print("Model restored...")
            sess.run(tf.global_variables_initializer())
            sess.run(tf.local_variables_initializer())
            summary_writer = tf.summary.FileWriter(FLAGS.tb_dir, sess.
graph)
            tf.summary.FileWriter(FLAGS.model_dir, sess.graph)
            coord = tf.train.Coordinator()
            threads = tf.train.start_queue_runners(coord = coord)
try:
    whilenot coord.should_stop():
                    example_before, example_after, label = sess.run
([train_images_before, train_images_after, train_labels]) # 在会话中取出
image 和 label
                    lo, acc, show1, show2, summary_str = sess.run(
                        [self.loss_mean, self.accuracy, self.show1, self.
show2, merged_summary],
                        feed_dict = {
                            self.input_image_1: example_before, self.
input_image_2: example_after, self.input_label: label, self.keep_prob:0.75,
                            self.lamb:0.004, self.is_traing: True}
                    )

    if epoch % 30 == 0:
```

```
                              summary_writer.add_summary(summary_str,
epoch)
if epoch % 10 == 0:
                        print('num %d, loss: %.6f and accuracy: %.
6f' % (epoch, lo, acc))
if epoch % 300 == 0:
                        all_parameters_saver.save(sess, FLAGS.model_dir
+ "/model", global_step = epoch)
                  sess.run(
                        [self.train_step],
                        feed_dict = {
                              self.input_image_1: example_before, self.
input_image_2: example_after, self.input_label: label, self.keep_prob:0.75,
                              self.lamb:0.004, self.is_traing: True}
                  )
                  epoch += 1
except tf.errors.OutOfRangeError:
            print('Done training —— epoch limit reached')
finally:
                  all_parameters_saver.save(sess = sess, save_path = ckpt_
path)
            coord.request_stop()
      coord.join(threads)
   print("Done training")
```

Part3：网络的预测

第一步：切割测试图像

```
# 预测函数定义
defpredict(self):
import cv2
```

```
import glob
import numpy as np
```

解压压缩包并图片切割

```
        zipf = zipfile.ZipFile('../result/id_1/cutPic.zip')
        unzip_image_path = "../result/id_1/unzipPic"
ifnot os.path.exists(unzip_image_path):
            os.mkdir(unzip_image_path)
        zipf.extractall(unzip_image_path) # 解压到那个文件夹
        filenameAll = []
for file in listdir_nohidden(unzip_image_path):
            insideDir = os.path.join(unzip_image_path, file)
            filename = file
            filenameAll.append(file)
            savepath = "../result/id_1/batchPic"
ifnot os.path.exists(savepath):
                os.mkdir(savepath)
            cut_img_api(filename, insideDir, savepath)
```

预测文件名定义

```
        ORIGIN_PREDICT_DIRECTORY = '../result/id_1/batchPic'
        PREDICT_SAVED_DIRECTORY = '../result/id_1/predictOrigin'
        CRF_SAVED_DIRECTORY = '../result/id_1/CRFBeforeOrigin'


        PredictBeforePath = filenameAll[0].strip(os.path.splitext(filenameAll[0])[1])
        PredictAfterPath = filenameAll[1].strip(os.path.splitext(filenameAll[0])[1])
```

```
PREDICTSUFFIC = ".png"
PREDICT_BATCH_SIZE = 1
predict_file_path_before = glob.glob(os.path.join(ORIGIN_PREDICT_
DIRECTORY,PredictBeforePath,' * ' + PREDICTSUFFIC))
predict_file_path_after = glob.glob(os.path.join(ORIGIN_PREDICT_
DIRECTORY,PredictAfterPath,' * ' + PREDICTSUFFIC))

assert len(predict_file_path_before) = = len(predict_file_path_after),str(len
(predict_file_path_after)) + "预测图像数量不同" + str(len(predict_file_path_
before))

ifnot os.path.lexists(PREDICT_SAVED_DIRECTORY):
            os.mkdir(PREDICT_SAVED_DIRECTORY)
ifnot os.path.lexists(CRF_SAVED_DIRECTORY):
            os.mkdir(CRF_SAVED_DIRECTORY)
```

调取训练模型,从已训练位置进行预下载

```
ckpt_path = os.path.join(FLAGS.model_dir,"model.ckpt") # CHECK_
POINT_PATH
all_parameters_saver = tf.train.Saver()
```

打开预测会话

```
with tf.Session() as sess:
        sess.run(tf.global_variables_initializer())
        sess.run(tf.local_variables_initializer())
        all_parameters_saver.restore(sess = sess, save_path = ckpt_path)
        pred = tf.get_collection('network - predict')[0]
        graph = tf.get_default_graph()
        x = graph.get_operation_by_name('input/input_images_1').
```

```
outputs[0]
                y = graph.get_operation_by_name('input/input_images_2').
outputs[0]
                keep = graph.get_operation_by_name('input/keep_prob').outputs
[0]
                lamb = graph.get_operation_by_name('input/lambda').outputs[0]
                is_traing = graph.get_operation_by_name('input/is_traing').
outputs[0]
```

预测图片输入

```
for index, image_path in enumerate(predict_file_path_before):
                    time_start = time.time()
                    beforeOrg = cv2.imread(image_path, flags = 1)
                    afterOrg = cv2.imread(image_path.replace(PredictBeforePath,
PredictAfterPath), flags = 1)
                    before = np.array(beforeOrg)
                    after = np.array(afterOrg)
                    image_before = np.reshape(before,newshape = (1, INPUT_
IMG_WIDE, INPUT_IMG_HEIGHT, INPUT_IMG_CHANNEL))
                    image_after = np.reshape(after,newshape = (1, INPUT_
IMG_WIDE, INPUT_IMG_HEIGHT, INPUT_IMG_CHANNEL))


                    predict_image = sess.run(
                        pred,feed_dict = {
                            x: image_before,y: image_after, keep: 1.0,
lamb: 0.004, is_traing: True
                        }
                    )
                    predict_image01 = np.squeeze(predict_image)
```

```
predict_image = (np.array(predict_image01) * 255).astype
(int)

pattern = re.compile('([^#]+)_([^#]+)')
match = pattern.search(image_path.split('/')[-1].split
('.')[0])

widthnum = int(match.group(1))
heightnum = int(match.group(2))
```

第二步：测试网络

\# 预测图片切片写入

```
cv2.imwrite(os.path.join(PREDICT_SAVED_DIRECTORY, str(widthnum) + "_" +
str(heightnum) + '.jpg'), predict_image)    # * 255
            cv2.imwrite(os.path.join(CRF_SAVED_DIRECTORY, str
(widthnum) + "_" + str(heightnum) + '_preOrg.jpg'), predict_image)    # * 255
            cv2.imwrite(os.path.join(CRF_SAVED_DIRECTORY, str
(widthnum) + "_" + str(heightnum) + '_originBefore.jpg'), beforeOrg)
```

\# 进行 crf 处理及后处理运算

```
            full_img = np.transpose(beforeOrg, (2, 0, 1))
            full_mask = np.expand_dims(predict_image01, 0)
            full_mask = crf(np.array(full_img), np.array(full_mask))
            out = full_mask * 255
            out = np.uint8(np.squeeze(out))
            kernel = cv2.getStructuringElement(cv2.MORPH_RECT,
(10, 10))
            opened1 = cv2.morphologyEx(out, cv2.MORPH_CLOSE,
kernel, iterations = 3)
            out = Image.fromarray(out)
out.save(os.path.join(CRF_SAVED_DIRECTORY, str(widthnum) + "_" + str
(heightnum) + "_noopen.png"))
            out = Image.fromarray(opened1)
```

```
out.save(os.path.join(CRF_SAVED_DIRECTORY, str(widthnum) + "_" + str
(heightnum) + "_open.png"))
                    time_end = time.time()
                    print('totally cost', time_end - time_start)
```

拼接预测图片

```
        img = Image.open(os.path.join(unzip_image_path, filenameAll[0]))
        x = 0
        y = 0
        w = img.size[0]
        h = img.size[1]
        width = 256
        height = 256
        EXPAND = 128


        savepath = '../result/id_1/labelOrg.png'
        maskpath = PREDICT_SAVED_DIRECTORY


        widthnum = int(img.size[0]/width) + 1
        heightnum = int(img.size[1]/height) + 1
        print(widthnum)
        print(heightnum)


        target = Image.new('P', (width * widthnum, height * heightnum))
for i in range(widthnum):
for j in range(heightnum):
# print(os.path.join(maskpath, '{}_{}.jpg'.format(i,j)))
if os.path.exists(os.path.join(maskpath, '{}_{}.jpg'.format(i,j))):
                    print(os.path.join(maskpath, '{}_{}.jpg'.format(i,
```

```
j)))
                            print("yes")
                            img = Image.open(os.path.join(maskpath,'{}_{}.jpg'.
format(i,j)))
                            img = img.crop((EXPAND,EXPAND,EXPAND + width,
EXPAND + height))
                            data = np.array(img)
                             _img = Image.fromarray(data[:,:].astype('uint8'),
mode = 'L')
                            target.paste(_img,(i * width,
                                               j * height,
                                               (i + 1) * width,
                                               (j + 1) * height))


# 两个图叠加,显示效果
            label = target.crop((x, y, x + w, y + h))
            label.save(savepath)
            label = label.convert('L')
            print(" - - - label - - - ")
            print(label)
            img1 = Image.open(os.path.join(unzip_image_path,filenameAll[0]))
            color = [0,0,255]
            img1 = np.array(img1)
            print(" - - - img - - - ")
            print(img1)
            label = np.array(label)
            img_mask = apply_mask(img1,label,color)
            img_mask = Image.fromarray(img_mask)
            img_mask.save("../result/id_1/labelWithPic.jpg")
```

```
    print('Done prediction')
```

主函数,决定预测和测试流程

```
def main():
    net = LSTMUnet()
    CHECK_POINT_PATH = os.path.join(FLAGS.model_dir, "model.ckpt")
    net.set_up_unet(TRAIN_BATCH_SIZE)
net.train()
```

将上面两行代码注释,下面两行代码注释取消后进行预测操作

```
# net.set_up_unet(PREDICT_BATCH_SIZE)
# net.predict()
```

代码关键位置

```
if __name__ == '__main__':
    parser = argparse.ArgumentParser()
```

数据地址 tfRecord 地址

```
    parser.add_argument(
'--data_dir', type=str, default='./tfRecord',
        help='Directory for storing input data')
```

模型保存地址

```
    parser.add_argument(
'--model_dir', type=str, default='../model',
        help='output model path')
```

日志保存地址

```
    parser.add_argument(
'--tb_dir', type=str, default='../logs',
        help='TensorBoard log path')
    FLAGS, _ = parser.parse_known_args()
main()
```

附录 D 高分数据的目标识别案例
实验 Python 代码（R2CNN）

①网络构建

主要代码 构建网络模型

```
def build_whole_detection_network(self, input_img_batch, gtboxes_r_batch,
gtboxes_h_batch):
if self.is_training:
```

训练时确保 shape 是[M，5]和[M，6]

```
                gtboxes_r_batch = tf.reshape(gtboxes_r_batch, [-1, 6])
                gtboxes_h_batch = tf.reshape(gtboxes_h_batch, [-1, 5])
                gtboxes_r_batch = tf.cast(gtboxes_r_batch, tf.float32)
                gtboxes_h_batch = tf.cast(gtboxes_h_batch, tf.float32)
        img_shape = tf.shape(input_img_batch)
```

1. 构建 backbone 网络

```
feature_to_cropped = self.build_base_network(input_img_batch)
```

2. 构建 rpn

```
with tf.variable_scope('build_rpn',
                regularizer = slim.l2_regularizer(cfgs.WEIGHT_DECAY)):
rpn_conv3x3 = slim.conv2d(
                feature_to_cropped,512, [3, 3],
                    trainable = self.is_training, weights_initializer =
cfgs.INITIALIZER,
                activation_fn = tf.nn.relu,
                scope = 'rpn_conv/3x3')
rpn_cls_score = slim.conv2d(rpn_conv3x3, self.num_anchors_per_location * 2,
```

```
[1, 1], stride = 1,
                          trainable = self. is _ training,  weights _ initializer =
cfgs. INITIALIZER,
                  activation_fn = None,
                  scope = 'rpn_cls_score')
  rpn_box_pred = slim. conv2d(rpn_conv3×3, self. num_anchors_per_location *
4, [1, 1], stride = 1,
                  trainable = self. is_ training,  weights_ initializer = cfgs. BBOX_
INITIALIZER,
                                        activation_fn = None,
                                        scope = 'rpn_bbox_pred')
              rpn_box_pred = tf. reshape(rpn_box_pred, [ - 1, 4])
              rpn_cls_score = tf. reshape(rpn_cls_score, [ - 1, 2])
          rpn_cls_prob = slim. softmax(rpn_cls_score, scope = 'rpn_cls_prob')
```

3. 生成 anchors

```
    featuremap_height, featuremap_width = tf. shape(feature_to_cropped)[1],
tf. shape(feature_to_cropped)[2]
    featuremap_height = tf. cast(featuremap_height, tf. float32)
    featuremap_width = tf. cast(featuremap_width, tf. float32)
     anchors = anchor_ utils. make_ anchors ( base_ anchor_ size = cfgs. BASE_
ANCHOR_SIZE_LIST[0],
                                        anchor_ scales = cfgs. ANCHOR_ SCALES,
anchor_ratios = cfgs. ANCHOR_RATIOS,
                              featuremap_height = featuremap_height,
                              featuremap_width = featuremap_width,
                              stride = cfgs. ANCHOR_STRIDE,
                        name = "make_anchors_forRPN")
```

4. 后处理 rpn 生成的 proposal,如 decode,clip,非极大值抑制

```
with tf. variable_scope('postprocess_RPN'):
```

```python
        rois, roi_scores = postprocess_rpn_proposals(rpn_bbox_pred = rpn_
box_pred,
                                                     rpn_cls
_prob = rpn_cls_prob,
                                                     img_
shape = img_shape,
    anchors = anchors,
is_training = self.is_training)
if self.is_training:
rois_in_img = show_box_in_tensor.draw_boxes_with_categories(img_batch =
input_img_batch,
boxes = rois,
scores = roi_scores)
        tf.summary.image('all_rpn_rois', rois_in_img)
        score_gre_05 = tf.reshape(tf.where(tf.greater_equal(roi_scores,
0.5)), [-1])
        score_gre_05_rois = tf.gather(rois, score_gre_05)
        score_gre_05_score = tf.gather(roi_scores, score_gre_05)
        score_gre_05_in_img = show_box_in_tensor.draw_boxes_with_
categories(img_batch = input_img_batch,
                                                     boxes = score_gre_
05_rois,
scores = score_gre_05_score)
        tf.summary.image('score_greater_05_rois', score_gre_05_in_img)
# 从正负样本中采样进行训练
if self.is_training:
with tf.variable_scope('sample_anchors_minibatch'):
                rpn_labels, rpn_bbox_targets = \
                    tf.py_func(
```

```
                         anchor_target_layer,
                         [gtboxes_h_batch, img_shape, anchors],
                         [tf. float32, tf. float32])
                rpn_bbox_targets = tf. reshape(rpn_bbox_targets, [-1,
4])
                    rpn_labels = tf. to_int32(rpn_labels, name = "to_int32")
                    rpn_labels = tf. reshape(rpn_labels, [-1])
                    self. add_anchor_img_smry(input_img_batch, anchors, rpn_
labels)

                rpn_cls_category = tf. argmax(rpn_cls_prob, axis = 1)
                kept_rpppn = tf. reshape(tf. where(tf. not_equal(rpn_labels, -
1)), [-1])
                rpn_cls_category = tf. gather(rpn_cls_category, kept_rpppn)
                acc = tf. reduce_mean(tf. to_float(tf. equal(rpn_cls_category,
tf. to_int64(tf. gather(rpn_labels, kept_rpppn)))))

                tf. summary. scalar('ACC/rpn_accuracy', acc)
with tf. control_dependencies([rpn_labels]):
with tf. variable_scope('sample_RCNN_minibatch'):
                    rois, labels, bbox_targets_h, bbox_targets_r = \
                    tf. py_func(proposal_target_layer,
                            [rois, gtboxes_h_batch, gtboxes_r_
batch],
                            [tf. float32, tf. float32, tf. float32,
tf. float32])
                rois = tf. reshape(rois, [-1, 4])
                labels = tf. to_int32(labels)
labels = tf. reshape(labels, [-1])
                bbox_targets_h = tf. reshape(bbox_targets_h, [-1, 4 *
(cfgs. CLASS_NUM + 1)])
```

```
                bbox_targets_r = tf.reshape(bbox_targets_r, [ - 1, 5 *
(cfgs.CLASS_NUM + 1)])
        self.add_roi_batch_img_smry(input_img_batch, rois, labels)
```

5. 构建 Fast R - CNN 网络部分

```
  bbox_pred_h, cls_score_h, bbox_pred_r, cls_score_r = self.build_fastrcnn
(feature_to_cropped = feature_to_cropped,
rois = rois,
img_shape = img_shape)
        cls_prob_h = slim.softmax(cls_score_h,'cls_prob_h')
        cls_prob_r = slim.softmax(cls_score_r,'cls_prob_r')
```

添加 tensorboard 的 summary

```
if self.is_training:
            cls_category_h = tf.argmax(cls_prob_h, axis = 1)
            fast_acc_h = tf.reduce_mean(tf.to_float(tf.equal(cls_category_
h, tf.to_int64(labels))))
        tf.summary.scalar('ACC/fast_acc_h', fast_acc_h)
            cls_category_r = tf.argmax(cls_prob_r, axis = 1)
            fast_acc_r = tf.reduce_mean(tf.to_float(tf.equal(cls_category_
r, tf.to_int64(labels))))
        tf.summary.scalar('ACC/fast_acc_r', fast_acc_r)
```

6. Fast R - CNN 后处理如: decode、非极大值抑制

```
if not self.is_training:
                final_boxes_h, final_scores_h, final_category_h =
self.postprocess_fastrcnn_h(rois = rois,
bbox_ppred = bbox_pred_h,
scores = cls_prob_h,
img_shape = img_shape)
                final_boxes_r, final_scores_r, final_category_r =
self.postprocess_fastrcnn_r(rois = rois,
```

```
bbox_ppred = bbox_pred_r,

scores = cls_prob_r,

img_shape = img_shape)

return final_boxes_h, final_scores_h, final_category_h, final_boxes_r, final_scores
·_r, final_category_r

else:
```

训练时，需要构建 loss 函数

```
                loss_dict = self.build_loss(rpn_box_pred = rpn_box_pred,

                            rpn_bbox_targets = rpn_bbox_targets,

                            rpn_cls_score = rpn_cls_score,

                            rpn_labels = rpn_labels,

                            bbox_pred_h = bbox_pred_h,

                            bbox_targets_h = bbox_targets_h,

                            cls_score_h = cls_score_h,

                            bbox_pred_r = bbox_pred_r,

                            bbox_targets_r = bbox_targets_r,

                            cls_score_r = cls_score_r,

                            labels = labels)

final_boxes_h, final_scores_h, final_category_h = self.postprocess_fastrcnn_h
(rois = rois,

bbox_ppred = bbox_pred_h,

scores = cls_prob_h,

img_shape = img_shape)

                final_boxes_r, final_scores_r, final_category_r =
self.postprocess_fastrcnn_r(rois = rois,

bbox_ppred = bbox_pred_r,

scores = cls_prob_r,

img_shape = img_shape)

return final_boxes_h, final_scores_h, final_category_h, \
```

```
        final_boxes_r, final_scores_r, final_category_r, loss_dict
```

②训练阶段

```
def train():
```

＃ 1. 构建网络模型

```
    faster_rcnn = build_whole_network.DetectionNetwork(base_network_name
= cfgs.NET_NAME,
is_training = True)
```

＃ 2. 读取数据集

```
with tf.name_scope('get_batch'):
        img_name_batch, img_batch, gtboxes_and_label_batch, num_objects_
batch = \
                next_batch(dataset_name = cfgs.DATASET_NAME,    ＃
'pascal', 'coco'
                            batch_size = cfgs.BATCH_SIZE,
                            shortside_len = cfgs.IMG_SHORT_SIDE_LEN,
                            is_training = True)
        gtboxes_and_label = tf.py_func(back_forward_convert,
                                    inp = [tf.squeeze(gtboxes_
and_label_batch,0)],
                                    Tout = tf.float32)
        gtboxes_and_label = tf.reshape(gtboxes_and_label, [-1, 6])
        gtboxes_and_label_AreaRectangle = get_horizen_minAreaRectangle
(gtboxes_and_label)
                            gtboxes_and_label_AreaRectangle = tf.reshape
(gtboxes_and_label_AreaRectangle, [-1, 5])
    biases_regularizer = tf.no_regularizer
    weights_regularizer = tf.contrib.layers.l2_regularizer(cfgs.WEIGHT_DECAY)
```

＃ 数据输入网络,得到输出

```
with slim.arg_scope([slim.conv2d, slim.conv2d_in_plane,
```

```
                    slim. conv2d_transpose, slim. separable_conv2d, slim. fully_
connected],
                weights_regularizer = weights_regularizer,
                biases_regularizer = biases_regularizer,
                biases_initializer = tf. constant_initializer(0. 0)):
        final_boxes_h, final_scores_h, final_category_h, \
        final_boxes_r, final_scores_r, final_category_r, loss_dict = faster_
rcnn. build_whole_detection_network(
    input_img_batch = img_batch,
    gtboxes_r_batch = gtboxes_and_label,
            gtboxes_h_batch = gtboxes_and_label_AreaRectangle)
```

\# 分别得到各个 loss 函数

```
    weight_decay_loss = tf. add_n(slim. losses. get_regularization_losses())
    rpn_location_loss = loss_dict['rpn_loc_loss']
    rpn_cls_loss = loss_dict['rpn_cls_loss']
    rpn_total_loss = rpn_location_loss + rpn_cls_loss
    fastrcnn_cls_loss_h = loss_dict['fastrcnn_cls_loss_h']
    fastrcnn_loc_loss_h = loss_dict['fastrcnn_loc_loss_h']
    fastrcnn_cls_loss_r = loss_dict['fastrcnn_cls_loss_r']
    fastrcnn_loc_loss_r = loss_dict['fastrcnn_loc_loss_r']
fastrcnn_total_loss = fastrcnn_cls_loss_h + fastrcnn_loc_loss_h + fastrcnn_cls_
loss_r + fastrcnn_loc_loss_r
```

\# 得到总 loss

```
total_loss = rpn_total_loss + fastrcnn_total_loss + weight_decay_loss
```

\# 设置 global_step 和学习率

```
    global_step = slim. get_or_create_global_step()
    lr = tf. train. piecewise_constant(global_step,
                boundaries = [np. int64(cfgs. DECAY_STEP[0]), np. int64
(cfgs. DECAY_STEP[1])],
```

```
                values = [cfgs. LR, cfgs. LR / 10., cfgs. LR / 100.])
```

设置优化器 optimizer

```
            optimizer  =  tf. train. MomentumOptimizer ( lr,  momentum  =
cfgs. MOMENTUM)
```

计算梯度

```
        gradients = faster_rcnn. get_gradients(optimizer, total_loss)
```

设置训练操作 train_op

```
        train_op = optimizer. apply_gradients(grads_and_vars = gradients,
                                            global_step = global_step)
        summary_op = tf. summary. merge_all()
        init_op = tf. group(
            tf. global_variables_initializer(),
            tf. local_variables_initializer()
        )
        restorer, restore_ckpt = faster_rcnn. get_restorer()
        saver = tf. train. Saver(max_to_keep = 10)
        config = tf. ConfigProto()
        config. gpu_options. allow_growth = True
with tf. Session(config = config) as sess:
        sess. run(init_op)
if not restorer is None:
            restorer. restore(sess, restore_ckpt)
            print('restore model')
        coord = tf. train. Coordinator()
        threads = tf. train. start_queue_runners(sess, coord)
        summary_path = os. path. join(cfgs. SUMMARY_PATH, cfgs. VERSION)
        tools. mkdir(summary_path)
    summary_writer = tf. summary. FileWriter(summary_path, graph = sess. graph)
```

开始训练,按迭代次数循环

```
for step in range(cfgs. MAX_ITERATION):
        training_time = time.strftime('%Y-%m-%d %H:%M:%S',
time. localtime(time. time()))
if step % cfgs. SHOW_TRAIN_INFO_INTE ! = 0 and step % cfgs. SMRY_ITER !
= 0:
                      _, global_stepnp = sess. run([train_op, global_step])
else:
if step % cfgs. SMRY_ITER = = 0:
        _, global_stepnp, summary_str = sess. run([train_op, global_step,
summary_op])
                          summary_writer. add_summary(summary_str, global_
stepnp)
                          summary_writer. flush()
if (step > 0 and step % cfgs. SAVE_WEIGHTS_INTE = = 0) or (step = =
cfgs. MAX_ITERATION - 1):
                          save_dir = os. path. join(cfgs. TRAINED_CKPT,
cfgs. VERSION)
if not os. path. exists(save_dir):
                      os. makedirs(save_dir)
    save_ckpt = os. path. join(save_dir, 'voc_' + str(global_stepnp) +
'model. ckpt')
    saver. save(sess, save_ckpt)
print(' weights had been saved')
    coord. request_stop()
coord. join(threads)
```

③预测过程

```
def inference(det_net, data_dir):
```

1. 预处理输入图片

```
    img_plac = tf. placeholder(dtype = tf. uint8, shape = [None, None, 3])
```

```
        img_batch = tf. cast(img_plac, tf. float32)
        img_batch = img_batch - tf. constant(cfgs. PIXEL_MEAN)
        img_batch = short_side_resize_for_inference_data(img_tensor = img_batch,
target_shortside_len = cfgs. IMG_SHORT_SIDE_LEN)
```

2. 构建网络模型

```
        det_boxes_h, det_scores_h, det_category_h, \
        det_boxes_r, det_scores_r, det_category_r = det_net. build_whole_detection
_network(input_img_batch = img_batch,
gtboxes_h_batch = None,
gtboxes_r_batch = None)
        init_op = tf. group(
                tf. global_variables_initializer(),
        tf. local_variables_initializer()
                )
        restorer, restore_ckpt = det_net. get_restorer()
        config = tf. ConfigProto()
        config. gpu_options. allow_growth = True
with tf. Session(config = config) as sess:
            sess. run(init_op)
if not restorer is None:
                restorer. restore(sess, restore_ckpt)
                print('restore model')
            imgs = os. listdir(data_dir)
for i, a_img_name in enumerate(imgs):
```

遍历图片,开始预测

```
        raw_img = cv2. imread(os. path. join(data_dir, a_img_name))
        start = time. time()
        resized_img, det_boxes_h_, det_scores_h_, det_category_h_, \
        det_boxes_r_, det_scores_r_, det_category_r_ = \
```

```
            sess. run(
                [img_batch, det_boxes_h, det_scores_h, det_category
_h,
                    det_boxes_r, det_scores_r, det_category_r],
                feed_dict = {img_plac: raw_img}
            )
        end = time. time()
    det_detections_h = draw_box_in_img. draw_box_cv(np. squeeze(resized_img,
0),
                                            boxes = det_boxes_h_,
                                            labels = det_category_h_,
scores = det_scores_h_)
    det_detections_r = draw_box_in_img. draw_rotate_box_cv(np. squeeze(resized
_img,0),

        boxes = det_boxes_r_,labels = det_category_r_,scores = det_scores_r_)
    save_dir = os. path. join(cfgs. INFERENCE_SAVE_PATH, cfgs. VERSION)
    tools. mkdir(save_dir)
# 在输出图像中画出检测框
    cv2. imwrite(save_dir + '/' + a_img_name + '_h. jpg',det_detections_h)
    cv2. imwrite(save_dir + '/' + a_img_name + '_r. jpg',det_detections_r)
```

参 考 文 献

［1］ 潘腾，关晖，贺玮．"高分二号"卫星遥感技术［J］．航天返回与遥感，
2015，36（4）：16 - 24．

［2］ 陈世平．关于航天遥感的若干问题［J］．航天返回与遥感，2011，32
（3）：1 - 8．

［3］ LE CUN Y，BENGIO Y，HINTON G．Deep learning［J］．Nature，
2015，521（7553）：436．

［4］ BAHRAMPOUR S，RAMAKRISHNAN N，SCHOTT L，et al．Comparative
Study of Deep Learning Software Frameworks［J］．Computer Science，2016．

［5］ Tensor Flow：Large - Scale Machine Learning on Heterogeneous Distributed
Systems［J］．2016．

［6］ KRIZHEVSKY A，SUTSKEVER I，HINTON G E．Imagenet classification
with deep convolutional neural networks［C］//Advances in neural
information processing systems．2012：1097 - 1105．

［7］ G E HINTON，S OSINDERO，Y W TEH．A fast learning algorithm for
deep belief nets．in Neural Computation 18（7）（2006）［doi：10.1162/
neco．2006.18.7.1527］．

［8］ R GIRSHICK，et al．"Rich feature hierarchies for accurate object
detection and semantic segmentation，" Proc．IEEE Comput．Soc．Conf．
Comput．Vis．Pattern Recognit．580 - 587（2014）［doi：10.1109/CVPR．
2014.81］．

［9］ ZHAO Z M，GAO L R，CHEN D，et al．Development of satellite
remote sensing and image processing platform［J］．Journal of Image and
Graphics，2019，24（12）：2098 - 2110．（赵忠明．高连如．陈东．等．
卫星遥感及图像处理平台发展［J］．中国图象图形学报，2019，24
（12）：2098 - 2110．）

［10］ SZEGEDY C，LIU W，JIA Y，et al. Going deeper with convolutions
［C］//Proceedings of the IEEE conference on computer vision and pattern
recognition. 2015：1 - 9.

［11］ HE K，ZHANG X，REN S，et al. Identity mappings in deep residual
networks ［C］//European conference on computer vision. Springer.
Cham. 2016：630 - 645.

［12］ HINTON，GEOFFREY E，et al. "Improving neural networks by
preventing co - adaptation of feature detectors." arXiv preprint arXiv：
1207. 0580 (2012).

［13］ SRIVASTAVA，NITISH，et al. "Dropout：a simple way to prevent
neural networks from overfitting." Journal of Machine Learning Research
15. 1 (2014)：1929 - 1958.

［14］ BA JIMMY LEI，JAMIE RYAN KIROS，GEOFFREY E HINTON.
"Layer normalization." arXiv preprint arXiv：1607. 06450 (2016).

［15］ IOFFE S，SZEGEDY C. Batch normalization：Accelerating deep network
training by reducing internal covariate shift ［J］. arXiv preprint arXiv：
1502. 03167. 2015.

［16］ SUTSKEVER，ILYA，et al. "On the importance of initialization and
momentum in deep learning." ICML (3) 28 (2013)：1139 - 1147.

［17］ KINGMA，DIEDERIK，JIMMY BA. "Adam：A method for stochastic
optimization." arXiv preprint arXiv：1412. 6980 (2014).

［18］ ANDRYCHOWICZ，MARCIN，et al. "Learning to learn by gradient
descent by gradient descent." arXiv preprint arXiv：1606. 04474 (2016).

［19］ 计梦予，袭肖明，于治楼. 基于深度学习的语义分割方法综述 ［J］. 信
息技术与信息化，2017 (10)：137 - 140.

［20］ 宋杰，孟朝晖. 图像场景识别中深度学习方法综述 ［J］. 计算机测量与
控制，2018，26 (1)：6 - 10.

［21］ CHEN L C，PAPANDREOU G，SCHROFF F. et al. Rethinking atrous
convolution for semantic image segmentation ［J］. arXiv preprint arXiv：
1706. 05587. 2017.

[22] MÁTTYUS G, LUO W, URTASUN R. Deeproadmapper: Extracting road topology from aerial images [C] //2017 IEEE International Conference on Computer Vision (ICCV). IEEE. 2017: 3458 – 3466.

[23] CHEN G, ZHANG X, WANG Q, et al. Symmetrical Dense – Shortcut Deep Fully Convolutional Networks for Semantic Segmentation of Very – High – Resolution Remote Sensing Images [J]. IEEE Journal of Selected Topics in Applied Earth Observations and Remote Sensing. 2018. 11 (5): 1633 – 1644.

[24] WEI X, GUO Y, GAO X, et al. A new semantic segmentation model for remote sensing images [C] //Geoscience and Remote Sensing Symposium (IGARSS). 2017 IEEE International. IEEE. 2017: 1776 – 1779.

[25] ZHOU L, ZHANG C, WU M. D – LinkNet: LinkNet with Pretrained Encoder and Dilated Convolution for High Resolution Satellite Imagery Road Extraction [C] //Proceedings of the IEEE Conference on Computer Vision and Pattern Recognition. 2018: 182 – 186.

[26] SZEGEDY C, IOFFE S, VANHOUCKE V, et al. Inception – v4. inception – resnet and the impact of residual connections on learning [C] //AAAI. 2017. 4: 12.

[27] HE K, ZHANG X, REN S, et al. Deep residual learning for image recognition [C] //Proceedings of the IEEE conference on computer vision and pattern recognition. 2016: 770 – 778.

[28] SIMONYAN K, ZISSERMAN A. Very deep convolutional networks for large – scale image recognition [J]. arXiv preprint arXiv: 1409. 1556. 2014.

[29] SZEGEDY C, VANHOUCKE V, IOFFE S, et al. Rethinking the inception architecture for computer vision [C] //Proceedings of the IEEE conference on computer vision and pattern recognition. 2016: 2818 – 2826.

[30] J LONG, E SHELHAMER, T DARRELL. "Fully convolutional networks for semantic segmentation." in CVPR. 2015.

[31] RONNEBERGER O, FISCHER P, BROX T. U – net: Convolutional networks for biomedical image segmentation [C] //International Conference

on Medical image computing and computer – assisted intervention. Springer. Cham. 2015：234－241.

[32] V BADRINARAYANAN，A KENDALL，R CIPOLLA. "SegNet：A Deep Convolutional Encoder – Decoder Architecture for Scene Segmentation," IEEE Trans. Pattern Anal. Mach. Intell. (99). 1 (2017).

[33] CHEN L C，ZHU Y，PAPANDREOU G，et al. Encoder – decoder with atrous separable convolution for semantic image segmentation [J] . arXiv preprint arXiv：1802. 02611. 2018.

[34] CHEN L C，PAPANDREOU G，KOKKINOS I，et al. Deeplab：Semantic image segmentation with deep convolutional nets. atrous convolution. and fully connected crfs [J] . IEEE transactions on pattern analysis and machine intelligence. 2018，40 (4)：834－848.

[35] LI R，LIU W，YANG L，et al. Deepunet：A deep fully convolutional network for pixel – level sea – land segmentation [J] . IEEE Journal of Selected Topics in Applied Earth Observations and Remote Sensing. 2018.

[36] GIRSHICK R. Fast R – CNN [J] . Computer ence. 2015.

[37] S REN，K HE，R GIRSHICK. "Faster R – CNN：Towards Real – Time Object Detection with Region Proposal Networks," Nips 39 (6). 1－9 (2015) [doi：10. 1016/j. nima. 2015. 05. 028].

[38] W LIU，et al. "SSD：Single Shot MultiBox Detector," 2016 Eur. Conf. Comput. Vis. (ECCV 2016). 21－37 (2016) [doi：10. 1007/978－3－319－46448－0 _ 2].

[39] J REDMON，et al. "You Only Look Once：Unified. Real – Time Object Detection," in Computer Vision & Pattern Recognition (2015) [doi：10. 1109/CVPR. 2016. 91].

[40] ZHANG Q，WANG X N，TIAN H X，et al. Research on target recognition technology of satellite remote sensing image based on neural network [C] . Lecture Notes in Electrical Engineering. v 550. p 131－138. 2019.

[41] YOU Y N，LI Z Z，RAN B H，et al. Broad Area Target Search System for Ship Detection via Deep Convolutional Neural Network [J] . Remote

Sensing. 2019，11（17）：1965.

[42] YOU Y N，CAO J Y，ZHANG Y K，et al. Nearshore Ship Detection on High – Resolution Remote Sensing Image via Scene – Mask R – CNN [J]. IEEE Access，2019，(99)：1 – 1.

[43] GRAVES ALEX. "Generating sequences with recurrent neural networks." arXiv preprint arXiv：1308. 0850 (2013).

[44] CHO KYUNGHYUN. et al. "Learning phrase representations using RNN encoder – decoder for statistical machine translation. " arXiv preprint arXiv：1406. 1078 (2014).

[45] SUTSKEVER ILYA，ORIOL VINYALS，QUOC V LE. "Sequence to sequence learning with neural networks. " Advances in neural information processing systems. 2014.